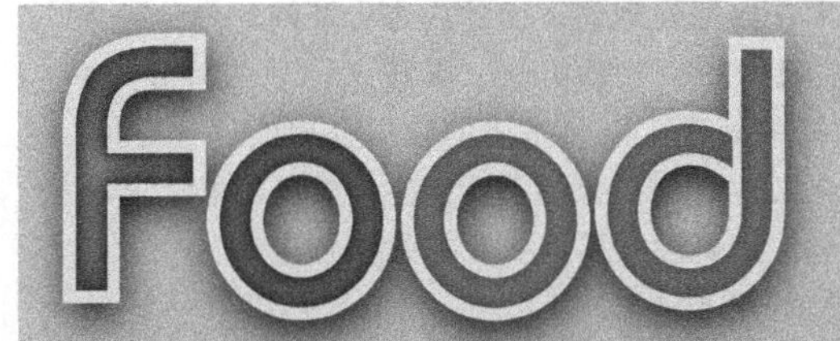

普通高等教育“十三五”规划教材

食品化学与分析实验

严奉伟　丁保淼　主编

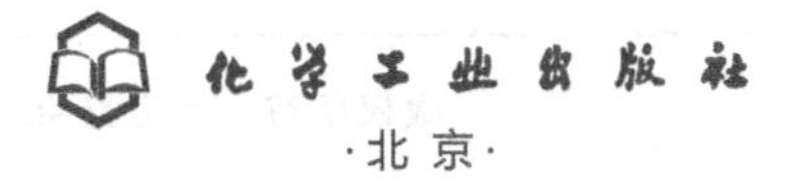

·北京·

本书系统阐述了食品化学及分析的相关要求、实验技术、数据处理等方面的内容。既阐述理论性内容，又总结实践经验，且兼顾近年来在食品化学及分析领域中的一些新方法、新技术。全书共分为9章，第1章介绍了对样品的预处理、实验方法的选择、数据的处理，以及常用的数据处理软件，另外，还介绍了在数据处理时常用的几种现代智能算法；第2章至第9章分别介绍了食品主要成分分析、食品物性测定与感官评定、食品功能成分分析与评价、食品成分的重要性质研究、食品贮藏加工中的化学变化、食品安全检测、食品掺假检验，以及探索性综合检测技术和方法。

本书可作为食品科学与工程专业、食品质量与安全专业、食品营养专业等各相关专业的实验教材，也可供食品企业、食品质量与安全管理部门、食品安全检测机构等的从业人员参考。

图书在版编目（CIP）数据

食品化学与分析实验/严奉伟，丁保淼主编. —北京：化学工业出版社，2016.12（2025.2重印）
普通高等教育“十三五”规划教材
ISBN 978-7-122-28393-1

Ⅰ.①食… Ⅱ.①严… ②丁… Ⅲ.①食品化学-实验-高等学校-教材 ②食品分析-实验-高等学校-教材
Ⅳ.①TS201.2-33 ②TS207.3-33

中国版本图书馆CIP数据核字（2016）第259782号

责任编辑：魏　巍　甘九林　赵玉清　　　文字编辑：周　倜
责任校对：王素芹　　　装帧设计：关　飞

出版发行：化学工业出版社（北京市东城区青年湖南街13号　邮政编码100011）
印　　装：北京虎彩文化传播有限公司
787mm×1092mm　1/16　印张11　字数265千字　　2025年2月北京第1版第8次印刷

购书咨询：010-64518888　　　售后服务：010-64518899
网　　址：http://www.cip.com.cn
凡购买本书，如有缺损质量问题，本社销售中心负责调换。

定　　价：**28.00元**

前言

随着社会的发展，人类工业化进程的推进和人们生活节奏的加快，食品工业化和商品化的程度越来越高。对于食品质量进行科学系统地评价已经成为必须，食品分析检测手段是实现这种评价的基础。

食品化学及分析是检测和评价食品组分、食品品质、食品变化、食品安全等方面的一门学科。它以化学、物理学、营养学、现代仪器学等学科的知识为基础，对食品质量进行检验，涉及的内容广泛，分析的对象十分庞杂，分析的方法和手段更是各种各样。

本书的编写宗旨是内容易于理解、流程易于实现、方法便于操作，同时兼顾知识的系统性、合理性和新颖性，以锻炼学生的基本实验操作为起步线，重点培养学生的动手能力、实验技巧和对问题的发现、分析、解决的能力。

本书参考了国内外众多高校教材和国家标准的相关资料，结合当前教学实际，根据课程性质和激发学生学习兴趣、综合应用知识能力的培养等要求编写而成。教材定位于食品类专业应用型本科教学，坚持科学性、先进性和适用性的原则。

本书结合实际工作的需求，共分为9章，内容主要包括了样品准备和实验数据处理、食品主要成分分析、食品物性测定与感官评定、食品功能成分分析与评价、食品成分的重要性质研究、食品贮藏加工中的化学变化、食品安全检测、食品掺假检验，以及为锻炼学生综合能力而设计的探索性综合实验。具体地介绍了食品化学、食品分析中一系列基础性实验。在内容上充分贯彻了最新国家标准。

本书可作为高等院校食品科学与工程、食品质量与安全、食品营养等相关专业的食品化学、食品分析等理论课的配套教材，也可作为食品企业、食品检验、食品质量监督等企事业单位相关从业人员的参考用书。

本书在编写过程中得到了长江大学生命科学学院、长江大学教务处的支持和帮助，也得到了长江大学生命科学学院江洪波、苏东晓及食品科学与工程系、食品质量与安全系全体老师的帮助，同时也包含着化学工业出版社编辑的辛勤工作，在此向他们表示感谢。

限于编者的水平及时间所限，书中难免有纰漏之处，敬请读者批评指正，在此表示衷心的感谢！

编者

2016年3月

目录

第一章　样品准备和实验数据处理 / 1

第二章　食品主要成分分析 / 16

第三章　食品物性测定与感官评定 / 49

第四章　食品功能成分分析与评价 / 61

第五章　食品成分及其重要性质研究 / 75

第六章　食品贮藏加工中的化学变化 / 91

第七章　食品安全检测 / 119

第八章　食品掺假检验 / 150

第九章　探索性综合实验 / 159

参考文献 / 170

第一章　样品准备和实验数据处理

一、样品的制备和预处理

采集的原始样品一般不能直接分析，须先制备成样品溶液。样品没有统一的前处理方法，必须根据样品的种类、待测项目、测试目的及分析方法等几方面制订具体的预处理方案。如果样品的预处理不恰当，那么再好的分析技术也不可能得到正确的数据，而且会给测定结果带来重大失误，甚至造成判断错误。因此，样品的预处理是关系到检验成败的关键步骤。样品的预处理方法很多，具体运用时，往往采用几种方法配合使用，以期收到较好的效果。

（一）样品制备

样品制备的目的是保证分析试样十分均匀，并去掉检验样品中的杂质和不值得分析的部分。有时候，整个平均样品是在被制备后才被分为检验、复检和保留样品的，这样三者的差异更小。例如干燥固体样品常应该这样做。正确选择制样工作的开始阶段可使制出的分析样品具有更高的代表性和精度。

液体样品的制备只需搅匀或摇匀。固体样品的制备稍复杂，并且各不相同。一般地，粮谷、茶叶等干燥固体样品反复被粉碎，每粉碎一遍过一次筛，直到样品全部通过 20 目筛；肉食样品按肥瘦比例、器官和组织部位先取分量，将各分量切碎后混合，然后用绞肉机反复绞 3 遍；水产、禽类制样时，将样品个体先各取半只，切除非食用部分，将可食用部分用绞肉机反复绞碎；罐头食品制样时，将罐头打开，固体和汤汁分别称重，小心去除固体中的不可食用部分（如骨头）后再称重，按可食固体和液体的质量比各取一定量，混合后于捣碎机内捣碎；水果、蔬菜先经清洗，洗净后除去表面附着的水分，除去非食用部分（如卷心菜的外叶、洋葱的根部和顶部、水果的柄和核），可食部分沿纵轴剖开，四分法缩分到体积较小后，混合不同个体的缩分样，于捣碎机内捣碎；核果经去壳、仁，再经粉碎后，四分法缩分到适当量。

样品经制备后，应当立即进行分析。有时候，仅经上述制备后的样品还不能直接用于分析。这是因为食物成分很复杂，经常有被测成分的分析可能受到样品中其他物质严重干扰的情况。如果遇到这种情况，就要对样品做进一步的预处理。

（二）常见的预处理方法

1. 粉碎

粉碎是将块状或大颗粒样品细化的过程，目的是增大样品表面积，有利于待测组分的提取。

2. 有机物破坏法

在进行食品矿物质成分含量分析时，尤其是进行微量元素分析时，由于这些成分可能与食品中的蛋白质或有机酸结合牢固，严重干扰分析结果的精密度和准确性。破除这种干扰的常用方法就是在不损失矿物质的前提下全盘破坏有机质。有机物破坏法分为以下两类。

(1) 干法（又称灰化法）

先将称量后的样品置于坩埚中，于普通电炉上小心炭化（除去水分和黑烟），然后将坩埚转入高温炉于500～600℃灰化，如不能灰化彻底，取出放冷后，加入少许硝酸或双氧水润湿残渣，小心蒸干后再转入高温炉灰化，直至灰化完全。取出冷却后用稀盐酸溶解，过滤后滤液供测定用。此法设备简单、操作容易、破坏彻底、使用试剂少，适用于毫克至克数量级的食品样品的处理，可用于除砷、汞、锑、铅等以外的金属元素的测定，是实验室中最常用的分解方法之一。但是在实际使用时还有许多因素需要考虑，包括灰化温度、灰化时间、容器的清洗、添加助灰化剂、坩埚可能存在的瓷效应问题等。

(2) 湿法（又称消化法）

取样品适量，在加热条件下用强氧化剂如 H_2SO_4、HNO_3、$HClO_4$、H_2O_2、$KMnO_4$ 等分解有机物，这个过程称为无机化或消化。用酸分解样品时，最终使样品呈无色或淡黄色液态，故又称为湿式消化法。本法优点是使用的分解温度低于干法，因此减少了金属元素的挥散损失，应用范围较为广泛。但在消化过程中产生大量酸雾以及氮、硫的氧化物等刺激性气体，具有强烈的腐蚀性，对人体有毒害作用，故需有良好的全塑管道的通风设备。

根据所用的氧化剂，湿法又分为以下几类。

① H_2SO_4-HNO_3 法　将样品置于凯氏烧瓶中，加入适量浓 H_2SO_4（一般为数毫升），小心混匀，然后在电炉上用小火使样品溶化，再加适量浓 HNO_3，渐渐加强火力，保持微沸状态。如在继续加热微沸的过程中发现瓶内溶液的颜色变深或无棕色气体时，说明 HNO_3 已不足，样品炭化，则此时须立即停止加热，待瓶温适度下降后再补加数毫升 HNO_3，继续加热保持微沸，如此反复操作直至瓶内溶液变为无色或微黄色时，继续加热至冒出 SO_3 的白烟。自然冷却至常温后，加水 20mL，煮沸除去残留在溶液中的 HNO_3 和氮氧化物，直至再次冒出 SO_3 的白烟。冷却后将消解液小心加水稀释，转入容量瓶中，凯氏烧瓶须用水洗涤几遍，洗涤液并入容量瓶，加水定容后供测定用。

② $HClO_4$-HNO_3-H_2SO_4 法　基本同 H_2SO_4-HNO_3 法操作，不同点在于：中途反复加入的是 HNO_3 和 $HClO_4$（3∶1）的混合液。

③ $HClO_4$（或 H_2O_2）-H_2SO_4 法　在盛有样品的凯氏烧瓶中加浓 H_2SO_4 适量，加热消化至淡棕色时放冷，加入数毫升 $HClO_4$（或 H_2O_2），再加热消化。如此反复操作直至消解完全时，冷却到室温，用水无损失地转移到容量瓶中，用水定容后供测试用。

④ HNO_3-$HClO_4$ 法　在盛有样品的凯氏烧瓶中加数毫升浓 HNO_3，小心加热至剧烈反应停止后，继续加热至干，适当冷却后加入 20mL HNO_3 和 $HClO_4$（1∶1）的混合液缓缓加热，继续反复补加 HNO_3 和 $HClO_4$ 混合液，直至瓶中有机物完全消解时，小心继续加热至干。加入适量稀 HCl 溶解，用水无损失地转移到容量瓶中，定容后供测试用。

3. 溶剂提取法

使用无机或有机溶剂如水、稀酸、稀碱、乙醇等，从样品中提取被测物或干扰物，是常用的样品处理方法。

提取法的原理是溶质在互不相溶的介质中的扩散分配。将溶剂加入样品中，经过充分混合，溶质从样品中不断扩散进入溶剂，直到扩散分配达到平衡。平衡时，溶质在原介质和溶剂中的浓度比称为分配系数（K），它是一次提取所能达到的分离效果的主要影响因素之一，也是选择溶剂的关键参数。经过一次提取达到平衡并将溶剂分出后，又可另加新溶剂进行第 2 次提取。如此反复，直到溶质都转移到溶剂中。为了提高提取效率和节约溶剂，应采用“少量多次”的原则，即每次少量加入溶剂和多次提取。经 n 次等溶剂量提取后，溶质在原介质中的保留量（w_r）理论上可用式（1-1）表示。

$$w_r = w_o \left(\frac{V_W}{KV_o + V_W} \right)^n \tag{1-1}$$

式中　w_o——样品中溶质的起始含量；

K——分配系数；

V_W——提取所用的样品量（体积）；

V_o——一次提取所用的溶剂量（体积）。

从式（1-1）中可以看出，随着 n 的增大，w_r 将迅速减小。如果 V_W 为 100mL，K 为 50，V_o 为 25mL，n 为 4 次，则 $w_r/w_o = 1.9 \times 10^{-4}$。即经过 4 次提取后，溶质在原样品中的保留量与起始量之比已小到 1.9×10^{-4}。而要经过一次提取就达到相同的效果，则需 10440mL 的溶剂。

选择的溶剂对被测物和干扰物的溶解度尽可能有大的差异，同时溶剂应易于与原介质分离，以及尽量不产生泡沫。

4. 蒸馏法

利用物质间汽化温度的差异性，通过蒸馏将它们分离是一种应用相当广泛的方法。样品中的各成分在一定的温度下，汽化温度低的物质，绝大部分变成蒸气而被馏出，汽化温度高的物质，则大部分仍留在原液中，经多次蒸馏从而可将样液中的某成分分离为纯物质。如果所处理的物质耐高温，可采用简单蒸馏或分馏的方法；如果所处理的物质不耐高温，可采用减压蒸馏或水蒸气蒸馏的方法。

5. 沉析法

通常用沉析法分离溶液中的蛋白质、多糖等杂质。常见的方法有盐析、有机溶剂沉析和等电点沉析 3 种。

① 盐析　在含有蛋白质的液体分散系中加入一定量 NaCl 或 $(NH_4)_2SO_4$ 可将蛋白质沉析出来。

② 有机溶剂沉析　这种方法可用于蛋白质和多糖的沉析。在含有蛋白质和/或多糖的液体分散系中加入适量乙醇、丙酮等有机溶剂，可降低介质的极性和介电常数，从而降低蛋白质和/或多糖的溶解度，从而使蛋白质和/或多糖沉析下来。

③ 等电点沉析　蛋白质的荷电状况与介质的 pH 密切相关，当 pH 达到蛋白质的等电点 pI 时，蛋白质就可能因失去电荷而沉析。

6. 透析法

透析膜允许小分子透过，截留大分子物质。将样品装入具有适当截留分子量的透析袋中，并扎紧袋口悬于盛有适当溶液的烧杯中，不断搅拌烧杯中的溶液，以加速小分子的扩散，促进透析，待小分子达到扩散平衡后，将透析袋转入另一份同样的溶液中继续透析，如此反复透析多遍，直到小分子全部转移到透析液中，合并透析液。根据需要选择透析液和透析袋中的残留物。

7. 色谱法

色谱法是一组相关分离方法的总称。这些方法都包括固定相和流动相两个相。固定相通常是表面积很大的多孔性固体或涂在固体表面上的高黏度的涂层；流动相通常是液体或气体。当流动相带着样品流过固定相时，由于样品中各物质在两相间分配的差异性，经过多次分配达到分离的目的。

在色谱过程中，不同物质在固定相和流动相中分配的差异性可能来自两相对这些物质的物理吸附力、化学吸附力、溶解度、离子配对键合力、扩散阻力等的不同，由此可将色谱法分为吸附、分配、离子交换和凝胶排阻色谱法。根据固定相的形状不同，可将色谱法分为柱、纸、薄层和凝胶色谱法。根据流动相的物态不同，可将色谱法分为气相和液相色谱。

(1) 柱色谱

柱色谱常用的固定相有硅胶、氧化铝细粉、大孔树脂、离子交换树脂和多糖凝胶等。将样品溶解在一定的溶液中，再小心加到柱床上方，打开阀门让样品液进入床体，然后以一定的洗脱液、适当的流速洗脱，利用分步收集器收集流出液，将被测组分所在的流出液合并，并用于测定。

柱色谱的结果受多种因素的影响，主要因素包括所用的固定相、洗脱液极性或其 pH 和离子强度、相对于样品量的柱径和柱长、洗脱的速率等。

(2) 薄层色谱

薄层色谱是将固定相铺在玻璃板或塑胶板上形成薄层，让展开剂（流动相）带动着样品由板的一端向另一端扩散。在扩散中，由于样品中的物质在两相间的分配情况不同，经过多次差别分配达到分离的目的。固定相常用硅胶和氧化铝。硅胶略带酸性，适用于酸性和中性物质分离；氧化铝略带碱性，适用于碱性和中性物质分离。它们的吸附活性又都可用活化处理和掺入不同比例的硅藻土来调节，以适应不同样品中物质最佳分离所需的吸附活性。薄层色谱效果与展开剂有直接关系，当展开剂极性大时，样品中极性大的组分跑得快，极性小的组分跑得慢；展开剂极性小时，样品中极性小的组分跑得快，极性大的组分跑得慢。为了使样品中各组分更好分开，常采用复合展开剂。

薄层色谱操作简单、设备便宜、速度快、使用样品少、灵敏度较高、可单相和双相展开、分离后可用薄层扫描仪直接定量分析，但它的分辨率低，重复性不很好，有时清晰显迹有较大难度、定量分析误差较大。

(3) 气相色谱

气相色谱中的流动相一般为 N_2、Ar、He、CO_2 等，称载气。固定相为多孔固体或附着在固体表面的高黏液体，如活性炭、氧化铝、硅胶、分子筛和高分子多孔小球，以及十八烷、角鲨烷、甲基聚硅氧烷类、甲基苯基聚硅氧烷类、聚乙二醇类等。用多孔固体或表面附着有高黏液体的多孔固体填充在相对较粗和较短的柱子中形成的气谱柱称填充柱，其分辨率相对较差。由高黏液体涂覆在很长的毛细管内壁上形成的气谱柱称空心毛细管柱，其分辨率相对较高。

气相色谱制备气样的方法常为顶空收集法，将样品装在一密闭容器中，容器中留有顶隙，经过一段时间的扩散，顶隙气被收集使用。制备液样的方法犹如制备一般溶液，但要注意使用的溶剂不得干扰样品成分在进行色谱时的分离。溶液形式的样品进入柱子前需先在汽化室里汽化，然后才能进入色谱柱。汽化室的温度不得高于样品中被测组分的热解温度。

汽化后的样品在柱内随载气流动，样品中的组分在过柱的途中不断在固定相和流动相间反复（数千次）分配，于是样品中的不同组分便因差别分配而被彼此分离，在不同时间流出色谱柱。

(4) 高效液相色谱

高效液相色谱柱的固定相一般是固体或液体，流动相为液体。由于一般固定相密度很大，因此流动相的流动阻力也很大，需要很高的压力推动，流动相才能较快过柱。通过流动相的流动，样品中各组分根据在固定相和流动相中分配差异，反复分配后，实现各组分的分离。

高效液相色谱是分离和分析使用最广的色谱法，它灵敏度高、分离效能高、速度快、选择性高、样品不需受热汽化，所以是最有用、最高级的色谱法。

二、实验方法的分类及选择原则

在进行食品化学与分析实验时，需要根据分析目的、实验室现有条件等选择分析方法。分析方法选择得当，才能以所需的速度和精度获得所需的数据。否则分析结果难以满足需要，甚至劳而无功。

（一）分析方法分类

根据对标准的性质分，可分为标准方法和非标准方法。

标准方法是指国际、区域、国家发布的经过严格认证的和公认的方法，如：ISO（国际标准化组织）、AOAC（美国官方分析化学家协会）、FDA、GB、SN、QB、地方标准实验室方法等。标准方法包括参考方法和公定方法。参考方法是指适用于特殊待验目标的经过国际或国家公认的方法。标准方法也分为国际食品标准和国家食品标准。

标准方法是一种技术规范，它明确规定产品的品质、尺寸、成分等特性，以及试验方法、标示、包装等，食品质量检测体系的标准化是保证食品安全的关键。

非标准方法，是指标准方法中未包含的、需要确认后才能采用的方法。非标准方法种类主要包括：①实验室研发的未出版的方法；②由知名技术组织或有关科学文献和期刊公布的，或由设备生产厂家指定的；③扩充或修改过的标准方法；④企业标准；⑤部分地方标准。

根据分析中获得关键数据所主要使用的仪器和工具，分析方法主要分为容量分析、重量分析和仪器分析。前两类方法所需设备简单，速度较慢，结果较准确，适应一般小型实验室使用。后一类方法需要使用专门的分析仪器，速度一般高于前两种方法，灵敏度高，通常需用前两种方法校准，分析结果也准确，但要求分析者熟练掌握大型精密仪器的操作过程。因此使用大型精密分析仪器的分析主要适用于专门的分析机构。高等学校学生应较充分地掌握前两种方法，同时掌握一部分常用的仪器分析方法。

根据对方法本身误差的认识，分析方法又被分为：决定性方法、常规方法、参考方法。

① 决定性方法　此类方法的准确度最高，系统误差最小，需要高精密度的仪器和设备、高纯试剂和训练有素的技术人员进行操作。决定性方法用于发展及评价参考方法和标准品，通常不直接用于常规分析。

② 常规方法　即日常工作中使用的方法。这类方法应有足够的精密度、准确度、特异性和适当的分析范围等性能指标。

③ 参考方法　此类方法已用决定性方法鉴定为可靠，或虽未被鉴定但暂时被公认可靠，并已证明其有适当的灵敏度、特异性、重现性、直线性和较宽的测定范围。参考方法的实用性在于评价常规方法，决定常规方法是否可被接受，新型分析仪器及配套试剂的质量也必须用参考方法进行评价。

（二）分析方法的选择原则

通常按食品检验的目的可将其分为 3 类，即筛选性检验、常规分析检验和确证性检验。不同的实验目的对实验结果的要求不同，因而对分析方法的准确度和精密度要求也不相同。一般地，筛选性检验对分析方法只要求具有半定量和一定的定性能力；常规分析检验要求方法具有准确的定性、定量能力；而确证性检验则要求准确度很高。

原则上选出准确、稳定、简便、快速、经济的方法，可按下列步骤进行。

① 根据被分析对象考虑待测物的含量范围、含有哪些杂质和它们可能对测定的干扰，提出所需分析方法的选择性要求。

② 根据分析任务提出对分析方法速度、精密度、准确度的要求。

③ 根据本实验室的设备、分析仪器、标准参考物质等装备情况考虑最可能选用的方法。

④ 综合以上要求和考虑，详细查阅资料、文献，特别是查找别人在做类似研究时已用过的方法及其分析效果，初步确定何种方法为适宜。

⑤ 做一系列方法评价试验，考察方法误差的大小。若方法误差小于分析任务的允许误差范围，则方法可用，否则另选方法。

检验时必须做空白试验和平行试验。同一检验项目，如有两个或两个以上检验方法时，应根据不同条件选择使用。必须以国家标准（GB）方法的第一法为仲裁方法。

三、实验设计和数据处理

（一）实验设计

食品检验实验设计时，要在考虑实验目的、检验对象、处理因素、客户要求等基本因素的基础上，进行搜集资料、整理资料和分析资料，再从样品信息推断是参数估计还是假设检验。实验设计要保证实验条件要具有代表性，实验结果具有可靠性和重复性。

1. 资料搜集

通过查阅文献资料，充分了解样品信息和方法信息，如待测组分的极性、酸碱性、溶解性、稳定性等理化特性，可能适用的提取分离方法、溶剂等，以及可能适用的测定方法、测定条件、标准物的选择等。

2. 测定方法确定

根据实验方法选择原则确定测定方法，并根据相关文献和具体条件，选择样品前处理方法并进行预试验，确定样品处理各个具体步骤。根据样品的种类、待测项目、测试目的及分析方法等方面制定具体的预处理方案。样品预处理的效果是检验成败的关键步骤，具体运用时往往采用几种方法配合使用，以期收到较好的分离效果。

3. 分析方法的评价

通过验证分析方法的效能指标，如准确度、精密度、灵敏度，对分析方法的设计进行质量控制和评价。

（二）数据处理

在一般食品分析中，通常以算术平均偏差或标准偏差表示数据的精密度。在数据处理时，通常会涉及以下几个概念。

(1) 有效数字

实际能测量到的数字。它表示了数字有效意义的准确程度。在分析数据记录、运算与报告时，要注意有效数字问题。报告的各位数字，除末位数外，都是准确已知的，末位数字又被称为可疑数字。

在数据处理中必须遵守下列基本规则：

① 记录数据时只保留一位可疑数字，结果报告中也只能保留一位可疑数字，不能列入无意义的数字。

② 可疑数字后面可根据四舍五入、奇进偶合的原则进行修约。

③ 数据相加减时，各数所保留的小数点后的位数，应与所给的各数中小数点后位数最少的相同，在乘除运算中各因子位数应以有效数字位数最少的为准。

④ 在计算平均值时，若为 4 个或超过 4 个数相平均时，则平均值的有效数字可增加一位。表示分析方法的准确度与精密度时大都取 1～2 位有效数字。

⑤ 对常量组分测定，一般要求分析结果为 4 位有效数字；对微量组分测定，一般要求分析结果为 2 位有效数字。

(2) 数据的取舍

在检测到的系列数据中，有时存在某一数值比较异常，较其他数值偏离很大，会影响平均值的准确性。对这类数据应慎重，不可为追求分析结果的一致性而故意舍弃。可通过重复试验进行核对，以确定其是偶然误差造成的还是事实如此。如果测定值在 3 个以上，应遵循 Q 检验法或 t 检验法取舍。

① Q 检验法：当测定次数 $n=3\sim10$ 时，根据所要求的置信度（如取 95%）按以下步骤检验是否舍弃。

首先，将各数按递增顺序排列 X_1，X_2，…，X_n；

然后，求出 $Q=(X_n-X_{n-1})/(X_n-X_1)$ 或 $(X_2-X_1)/(X_n-X_1)$；

最后，比较 Q 与 $Q_{0.95}$，若 $Q>Q_{0.95}$，则弃去可疑值；若 $Q<Q_{0.95}$，则予以保留。

② t 检验法：

$$t_i=|x-\overline{x}|/R$$

式中 x——可疑值；

$\overline{x}$——平均值；

R——在几次测定中最大值与最小值之差。

根据所要求的置信度（如取 90%），若 $t_i>t_{0.90}$，则弃去该值；若 $t_i<t_{0.90}$，则予以保留。

（三）检测结果的误差及评价

1. 检测结果的误差

误差是指测定值与真实值之间的差别。根据误差的来源和性质可将其分为系统误差和偶然误差。

系统误差是在一定试验条件下，保持恒定或以可预知方式变化的测量误差。它可重复出现且向同一方向发生。系统误差主要来源于仪器误差、试剂误差、环境误差、方法误差及人员误差（如检验者读数的偏低、偏高等）。系统误差可以通过采取一定措施而消除或减免，但系统误差与测量次数无关，亦不能用增加测量次数的方法使其消除或减小。这种误差大小可测，所以又称“可测误差”。

偶然误差是由于未知的因素引起的，大小不一，或正或负。其产生的原因不固定，是由于试验过程中偶然的、暂不能控制的微小因素引起的，如实验过程中仪器故障、仪器本身的不稳定、温度变化、气压的偶然波动等。偶然误差不能修正，也不能完全消除，可通过严格控制试验条件、严格操作规程及增加平行测定次数来加以限制和减小。这种误差大小是不可测的，也称“不可测误差”。至于检测过程中由于粗心所造成的过失如读错、记错数据、样品损失等不属于误差范围。

2. 检测结果的评价

评价检测结果可靠性常用的指标是准确度与精密度。

准确度：指测定值与真实值的符合程度，常用误差来表示。它主要反映测定系统中存在的系统误差及偶然误差的综合性指标，它决定了检验结果的可靠程度。误差越小，测定的准确度越高。准确度由两种方法来表示，即绝对误差（测定值与真实值之间的差数）或相对误差（测定值与真实值的差数对真实值的百分数）。

精密度：指在相同条件下进行多次测定，每一次测定结果相互接近的程度，反映了测定方法中存在的偶然误差的大小，表示各次测定值与平均值的偏离程度。在一般情况下，对某一未知样品的测定，实际上真实值是不易知道的，常用精密度来判断分析结果的好坏。分析结果的精密度，一般用算术平均值、算术平均偏差、相对误差、标准偏差和变异系数等来表示，最常用的是标准偏差和相对误差。

注意的是，准确度是反映真实性，说明结果好坏；精密度是反映重复性，说明测定方法稳定与否。精密度高，不一定准确度高；而准确度高一定需要精密度高。测定值的准确度和精密度如图 1-1 所示。图 1-1 中散点为测定值，圆心为真实值。

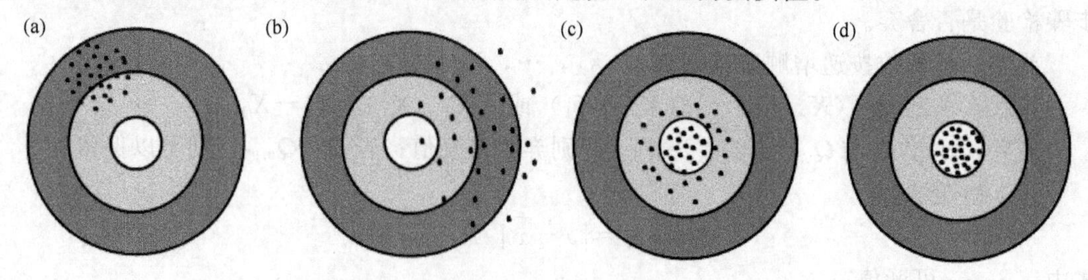

图 1-1　测定值与真实值的关系示意图

（a）图中显示测定值精密度高，但准确度低；（b）图显示测定值准确度和精确度都低；（c）图显示测定值准确度高，但精密度低；（d）图显示测定值准确度和精密度都高

灵敏度：指检验方法和仪器能测到的最低限度，一般用最小检出量或最低浓度来表示。

3. 减少或消除误差的方法

误差越小，测定结果才越准确可靠。通常减少或消除误差的措施有：

① 对测定所用各种试剂、仪器及器皿进行校正；

② 选取适宜的样品量；

③ 增加测定次数；

④ 做空白试验；

⑤ 做对照试验；

⑥ 做回收率试验；

⑦ 标准曲线的回归；

⑧ 选择用最合适的分析方法。

(四) 常用的数据处理工具介绍

在食品化学分析实验中，很多时候测定的直接数据并不是分析检测人员想要的最终结果，如分光光度法测定出的直接结果是吸光度，而通常分析检测人员更希望知道样品中该物质的浓度，这就需要进行一定的数据处理。当前用于数据处理的软件非常多，由于开发者背景不同，针对的对象各异，不同数据处理软件的功能性具有一定差异性。可用于食品分析数据与结果处理的软件有几十上百种，大多数都能够满足我们分析数据的要求，读者可以根据自己的需要和喜好进行选择，如SPSS、SAS、SigamPlot等。下面就在食品分析领域最为常用的Microsoft Office Excel和Origin进行简单介绍，读者若需要使用相关软件，则需进一步了解该软件的更多使用信息。

1. Microsoft Office Excel

Microsoft Office Excel是电子表格软件，是微软公司开发的一款具有完成表格输入、统计、分析等多项功能的办公软件。它的基本职能是对数据进行记录、绘图、计算与分析。这里以Microsoft Office Excel 2007为例，图1-2为其工作界面。

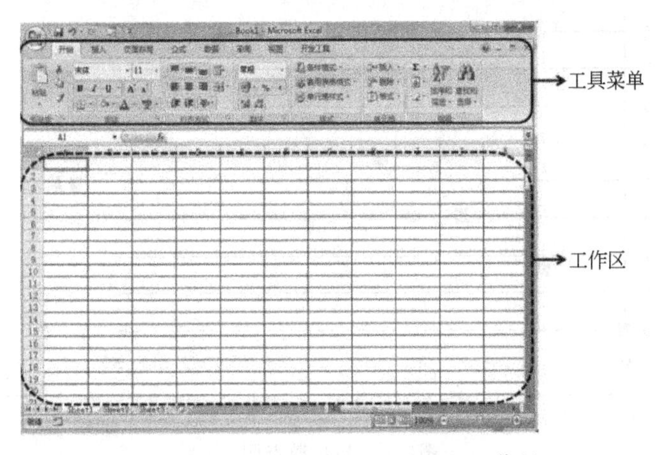

图1-2 Microsoft Office Excel 2007工作界面

Microsoft Office Excel具有强大的绘图功能，以及使用者可以根据需要自己进行一定的程序编写进一步提高Microsoft Office Excel处理数据的能力。

以铁的标准曲线的绘制为例说明使用 Microsoft Office Excel 作图的步骤，步骤如下。

① 将铁标准的浓度及其吸光度分别以列（或行）输入工作区的表格，如图 1-3 所示。

② 将输入数据选定，选定的区域会显示为灰色，如图 1-4 所示。

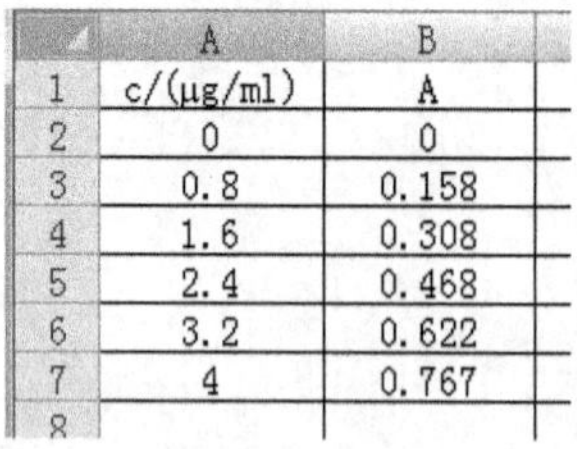

	A	B
1	c/(μg/ml)	A
2	0	0
3	0.8	0.158
4	1.6	0.308
5	2.4	0.468
6	3.2	0.622
7	4	0.767
8		

图 1-3　铁标准的浓度和吸光度

（其中 A 列为浓度，B 列为吸光度）

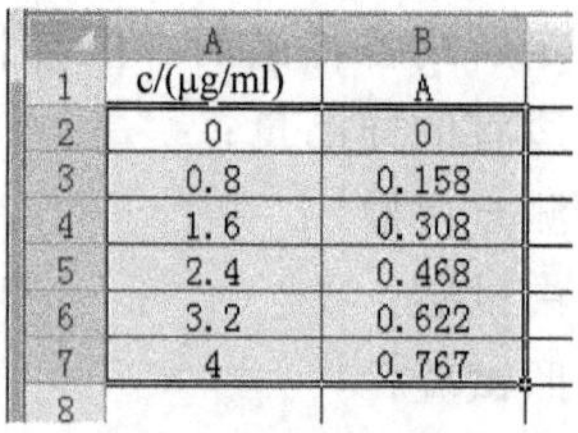

	A	B
1	c/(μg/ml)	A
2	0	0
3	0.8	0.158
4	1.6	0.308
5	2.4	0.468
6	3.2	0.622
7	4	0.767
8		

图 1-4　数据选定

③ 选定工具栏——插入——图表——散点——散点图中第一个选项，如图 1-5 所示。

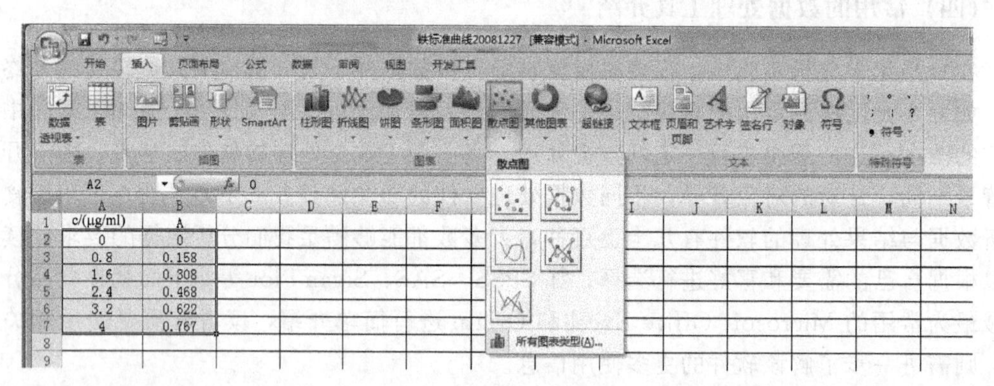

图 1-5　选定散点图步骤

④ 得到初步散点图，如图 1-6 所示。

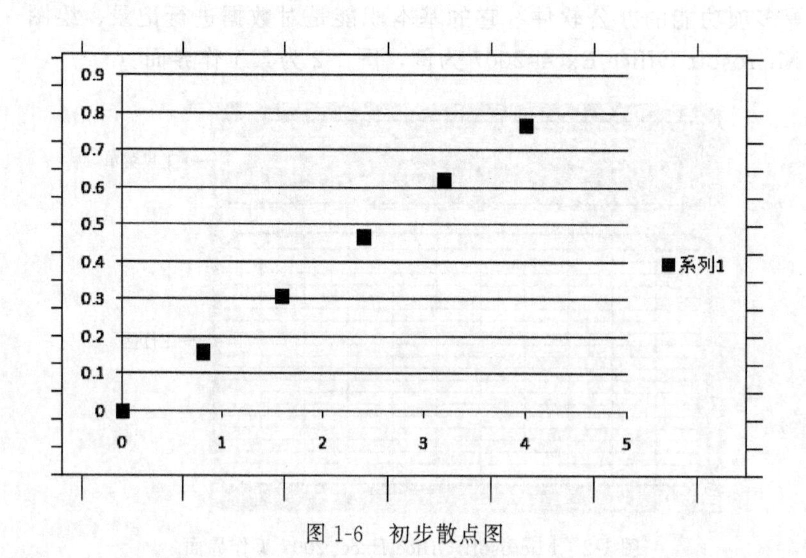

图 1-6　初步散点图

⑤ 可点击右键，根据相关选项对散点图进行精修，其中将鼠标点击在图区内和图区外菜单显示的选项不同，如图 1-7 所示。

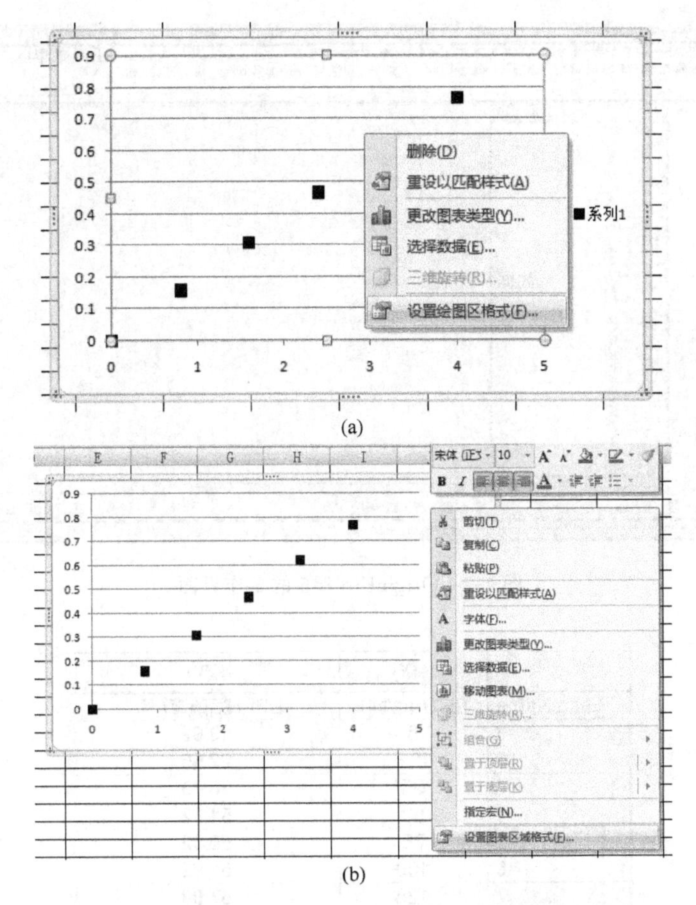

(a)

(b)

图 1-7　鼠标分别点击在图区内外所得菜单

(a) 点在图区内；(b) 点在图区外

⑥ 根据菜单对铁的标准曲线图进行精修，最终得到的图如图 1-8 所示。

2. Origin

Origin 系列软件是美国 OriginLab 公司推出的数据分析和制图软件，是公认的简单易学、操作灵活、功能强大的软件，既可以满足一般用户的制图需要，也可以满足高级用户数据分析、函数拟合的需要。图 1-9 为 OriginPro 8.5 的工作界面。

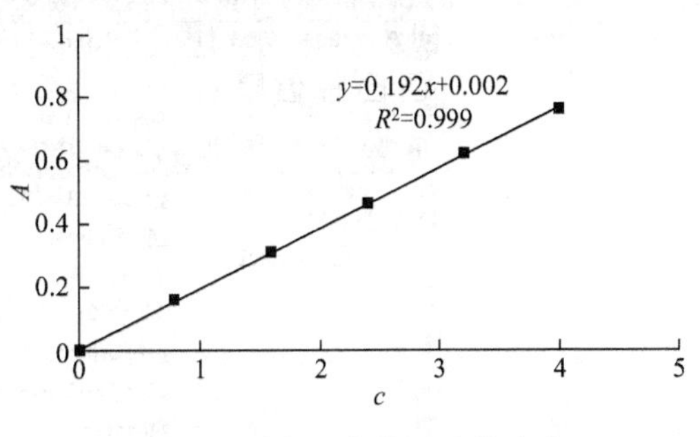

图 1-8　铁标准曲线图及其公式

为进一步说明 Origin 在作图中的应用，以 2,6-二叔丁基-4-甲基苯酚（BHT）对 DPPH 自由基的清除能力为例说明使用 OriginPro 8.5 作图的步骤，步骤如下。

① 将 BHT 浓度和 DPPH 自由基清除率分别以列形式输入工作区的表格，如图 1-10所示。

② 选定工具栏——绘图——线＋符号——线＋符号，得到设置对话框。选定步骤和对话框如图 1-11、图 1-12 所示。

③ 在对话框中设置 BHT 浓度为横坐标，DPPH 清除率为纵坐标，如图 1-13 所示。

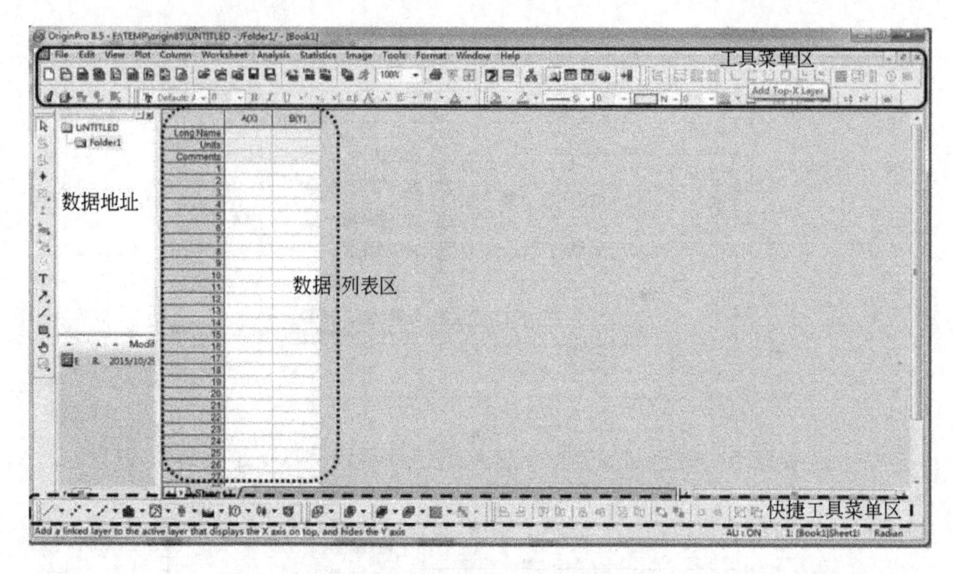

图 1-9　OriginPro 8.5 的工作界面

	A(X)	B(Y)
Long Name	BHT/(μg/ml)	DPPH清除率/ %
1	5	13.82
2	12.5	22.55
3	25	36.73
4	50	51.82
5	75	59.82
6	100	61.82
7	125	67.09
8		

图 1-10　BHT 浓度及 DPPH 自由基清除率

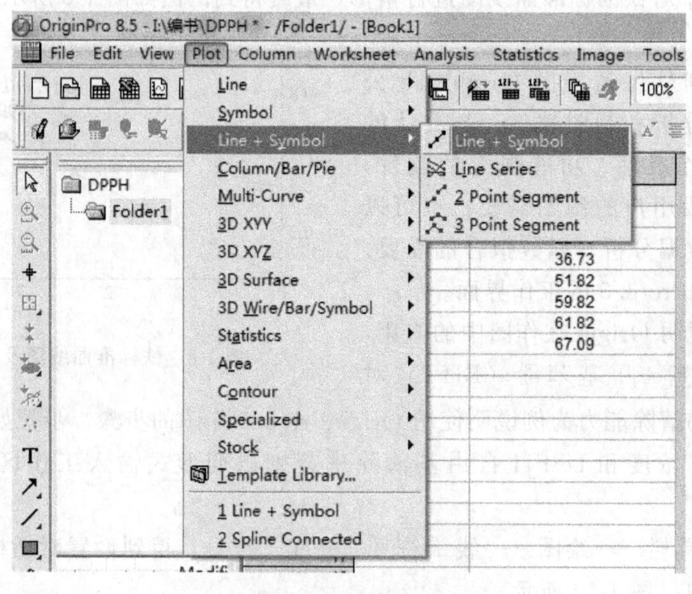

图 1-11　选定步骤

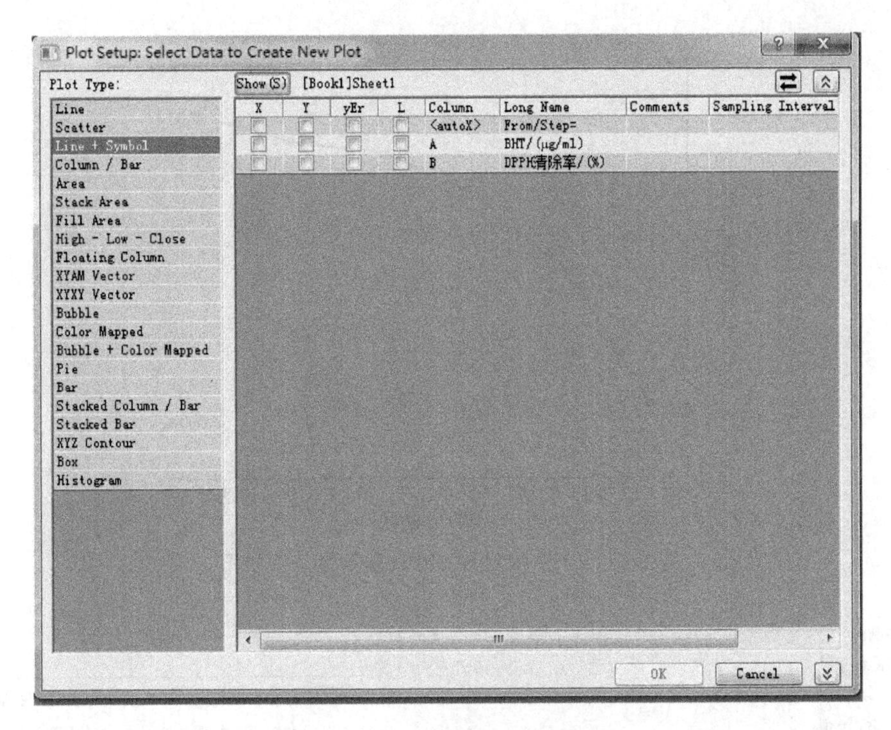

图 1-12　得到的设置对话框

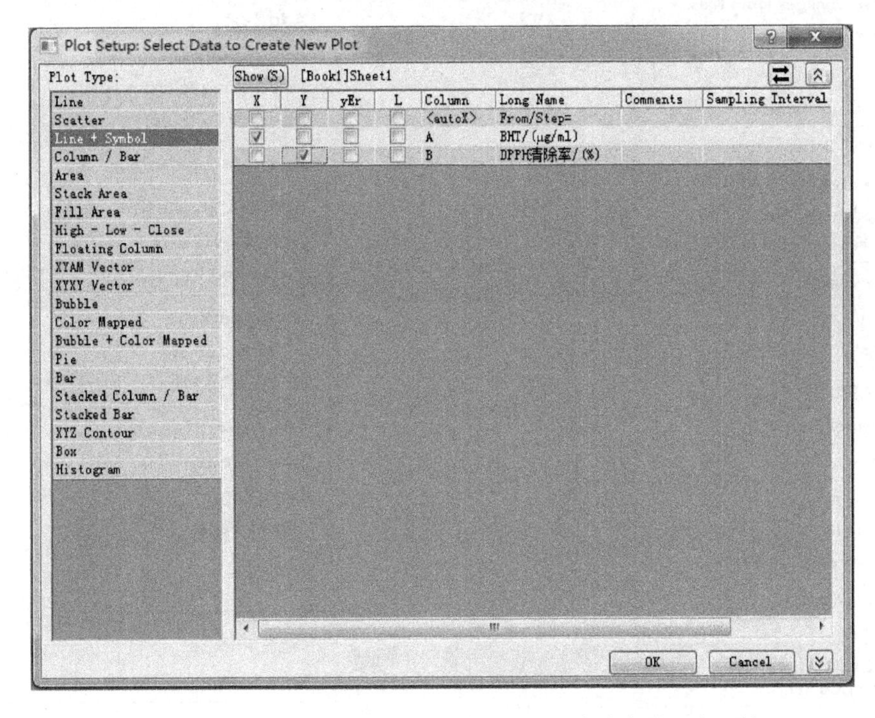

图 1-13　将 BHT 浓度设置为 X 轴，DPPH 清除率设置为 Y 轴

④ 点击确定，即得到 BHT 浓度与 DPPH 清除率关系初图，如图 1-14 所示。

⑤ 可以根据需要，通过鼠标右键菜单对所得图进行精修，其中在图区内部和图区外侧所得的鼠标右键菜单是不同的，如图 1-15 所示。

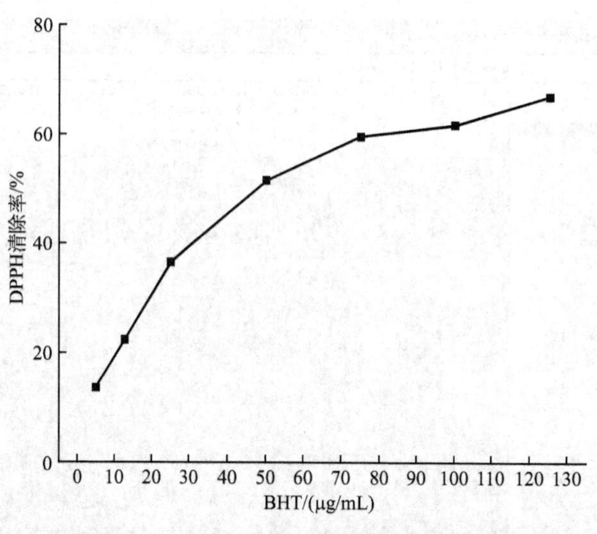

图 1-14 BHT 浓度与 DPPH 清除率关系初图

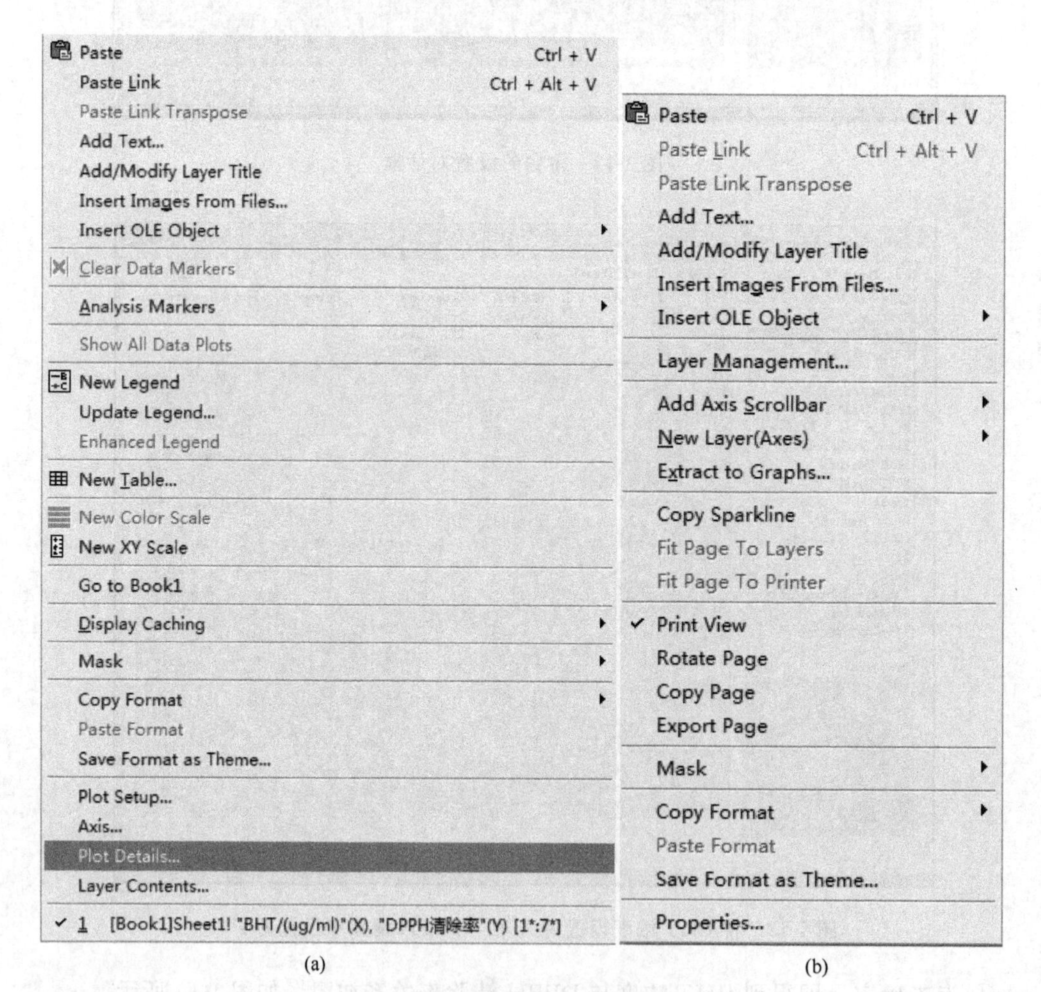

图 1-15 点击图区所得右键菜单

(a) 点击图区内部；(b) 点击图区外侧

⑥ 根据菜单对初图进行精修，最终得到的图如图 1-16 所示。

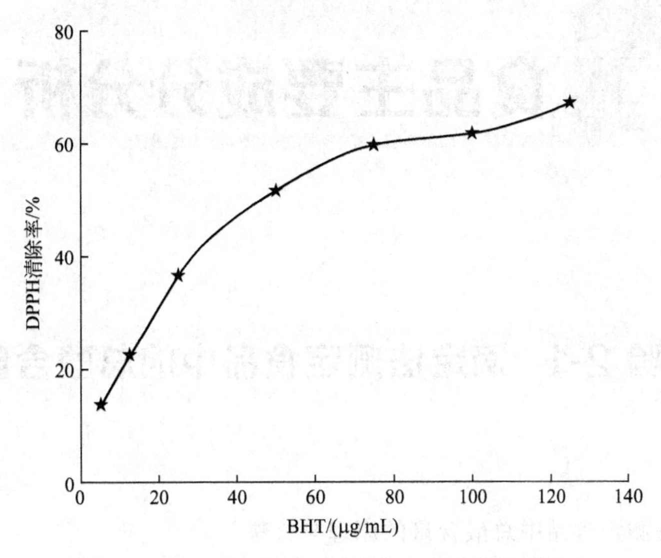

图 1-16　BHT 浓度对 DPPH 自由基清除率的影响

第二章 食品主要成分分析

实验 2-1 滴定法测定食品中的总酸含量

一、实验目的

掌握用滴定法测定食品中总酸含量的原理与方法。

二、实验原理

果汁具有酸性反应，这些反应取决于游离态的酸以及酸式盐存在的数量。总酸度包括未解离酸的浓度和已解离酸的浓度。酸的浓度以物质的量浓度表示时，称为总酸度。含量用滴定法测定。果蔬中含有各种有机酸，主要有苹果酸、柠檬酸、酒石酸、草酸。果蔬种类不同，含有机酸的种类和数量也不同，食品中酸的测定是根据酸碱中和的原理，即用标定的氢氧化钠溶液进行滴定。

三、实验器材

1. 试剂

1）0.1mol/L 氢氧化钠：称 4.0g 氢氧化钠定容至 1000mL，然后用 0.1mol/L 邻苯二甲酸氢钾标定，若浓度太高可酌情稀释。

2）1% 酚酞指示剂：称 1.0g 酚酞，加入 100mL 50%的乙醇溶液溶解。

2. 仪器用具

碱式滴定管（20mL）、容量瓶（100mL）、移液管（10mL）、烧杯（100mL）、研钵或组织捣碎机、天平、漏斗、滤纸等。

3. 试材

桃、杏、苹果、蔬菜等。

四、操作步骤

准确称取混合均匀磨碎的样品 10.0g（或吸 10.0mL 样品液），转移到 100mL 容量瓶中，加蒸馏水至刻度、摇匀。用滤纸过滤，准确吸取滤液 20mL 放入 100mL 三角瓶中，加入 1%酚酞指示剂 2 滴，用标定的氢氧化钠滴定至初显粉色在 0.5min 内不褪色为终点，记下氢氧化钠用量，重复三次，取平均值。

五、结果计算

$$总酸度(\%)=\frac{V}{W}\times\frac{C\times N\times 折算系数}{V_1}\times 100$$

式中 V——样品稀释总体积，mL；

V_1——滴定时取样液体积，mL；

C——消耗氢氧化钠标准液体积，mL；

N——氢氧化钠标准液浓度，mol/L；

W——样品质量，g。

折算系数：即不同有机酸的毫摩尔质量（g/mmol），食品中的总酸度往往根据所含酸的不同，而取其中一种主要有机酸计量。食品中常见的有机酸以及其毫摩尔质量折算系数如下：

苹果酸——0.067（苹果、梨、桃、杏、李子、番茄、莴苣）；

醋酸——0.060（蔬菜罐头）；

酒石酸——0.075（葡萄）；

柠檬酸——0.070（柑橘类）；

乳酸——0.090（鱼、肉罐头、牛奶）。

实验 2-2　直接滴定法测定还原糖含量

一、实验目的

掌握直接滴定法测定还原糖含量的原理与方法。

二、实验原理

还原糖（reducing sugar）是指能够被弱氧化剂［Tollens（土伦）试剂、Fehling（费林）试剂或 Benedict］氧化的糖。糖类中，分子中含有游离醛基或酮基的单糖和含有游离醛基的双糖都具有还原性；非还原性糖的双糖（如蔗糖）、三糖乃至多糖（如糊精、淀粉等），可以通过水解而生成相应的还原性单糖，通过测定水解液中还原糖含量可以求得样品中相应糖类的含量。

还原糖的测定是一般糖类定量的基础，通用的方法有高锰酸钾滴定法和直接滴定法。直接滴定法是指将一定量的碱性酒石酸铜甲液、乙液等量混合，混合液会立即生成天蓝色的氢氧化铜沉淀。氢氧化铜沉淀很快与酒石酸钾钠反应，生成深蓝色的可溶性酒石酸钾钠铜配合物，同时加入次甲基蓝作为指示剂，在加热条件下，样品中的还原糖与酒石酸钾钠铜配合物发生反应，生成红色的氧化亚铜沉淀，待二价铜全部被还原后，过量的还原糖再将次甲基蓝还原，溶液由蓝色变为无色，此时指示为滴定终点。根据样液消耗量可计算出还原糖含量。

三、实验器材

1. 试剂

1）0.1%葡萄糖标准溶液：准确称取 1.0g 经恒重处理的无水葡萄糖，加水溶解后转移至1000mL容量瓶中，定容，同时加入5mL盐酸防止微生物生长。

2）碱性酒石酸铜甲液：称取15.0g五水硫酸铜及0.05g次甲基蓝，加水溶解，定容至1000mL容量瓶中。

3）碱性酒石酸铜乙液：称取50.0g酒石酸钾钠及75.0g氢氧化钠，溶于水中，再加4.0g亚铁氰化钾［$K_4Fe(CN)_6 \cdot 3H_2O$］，完全溶解后，定容至1000mL容量瓶中，完全溶解后转移到橡皮塞玻璃瓶中存贮。

4）10.6%亚铁氰化钾溶液：称取10.6g亚铁氰化钾，溶于水中，稀释至100mL。

5）乙酸锌溶液：称取21.9g乙酸锌［$Zn(CH_3COO)_2 \cdot 2H_2O$］，加入3mL冰醋酸，加水溶解并稀释至100mL。

2. 器材用具

电炉、粗天平、碱式滴定管、250mL锥形瓶、250mL容量瓶、1000mL容量瓶等。

四、操作步骤

1. 样品处理

1）乳类、乳制品及含蛋白质的冷食类：称取2.5～5g固体样品或量取25～50mL液体样品，置于250mL容量瓶中，加入50mL蒸馏水，摇匀后加入5mL乙酸锌溶液及5mL 10.6%亚铁氰化钾溶液，加水稀释至刻度，混匀后，静置30min，用干燥滤纸过滤，弃去部分初滤液，所得滤液备用。

2）酒精类饮料：吸取10mL样品，置于蒸发皿中，用1mol/L NaOH中和至pH7，在水浴上蒸发至原体积的1/4后，移入250mL容量瓶中，加50mL水，混匀后加入5mL乙酸锌溶液及5mL 10.6%亚铁氰化钾溶液，加水稀释至刻度，混匀后静置30min，用干燥滤纸过滤。

3）以淀粉质为主的食品：称取10～20g样品，置于250mL容量瓶中，加入200mL水，在45℃水浴中加热1h，并不时振荡。取出冷却后加水至刻度，摇匀，静置。移取200mL上清液于另一只250mL容量瓶中，余下处理依D自“加入5mL乙酸锌溶液”起同样操作。

4）碳酸饮料：吸取100mL样品置于蒸发皿中，在水浴上除去二氧化碳后，移入250mL容量瓶中，用少量水涤荡蒸发皿，洗液并入容量瓶，加水定容至刻度，摇匀后备用。

2. 碱性酒石酸铜溶液的标定

准确移取碱性酒石酸铜甲液和乙液各5.0mL，置于250mL锥形瓶中，再加入10mL蒸馏水，放入3粒玻璃珠，从滴定管预加入9mL葡萄糖标准溶液，加热使锥形瓶中的液体在2min内沸腾，沸腾30s后，趁热以1滴/2s的速度继续滴加葡萄糖标准溶液，直至溶液蓝色刚好褪去，此时记为滴定终点。记录所消耗的葡萄糖标准溶液总体积。平行标定3次，取其平均值，按下式计算：

$$M=c\times V$$

式中 M——10mL碱性酒石酸铜溶液相当于葡萄糖的质量，mg；

c——葡萄糖标准溶液浓度，mg/mL；

V——标定时消耗葡萄糖标准溶液总体积，mL。

3. 样品溶液测定

样品正式滴定前进行预滴定。按照步骤2的方法取碱性酒石酸铜甲液及乙液各5.0mL，加热沸腾30s后，趁热以先快后慢的速度从滴定管中滴加样品溶液，滴定时始终保持溶液呈沸腾状态。待溶液蓝色变浅时，以1滴/2s的速度滴定，直至溶液蓝色刚好褪去，记为滴定终点。记录样品消耗的体积。

准确移取碱性酒石酸铜甲液及乙液各5.0mL，置于250mL锥形瓶中，加入10mL蒸馏水，放入3粒玻璃珠。从滴定管中预加入样品溶液（比预滴定体积少1mL），加热使锥形瓶中的液体在2min内沸腾，沸腾30s后，趁热以1滴/2s的速度继续滴加样品溶液，直至溶液蓝色刚好褪去，此时记为滴定终点。记录所消耗的葡萄糖标准溶液总体积。平行测定3份样品，取其平均值。

五、结果计算

$$还原糖含量(以葡萄糖计,\%)=\frac{M}{m\times\frac{u}{V}\times1000}\times100\%$$

式中 m——样品质量，g；

M——10mL碱性酒石酸铜溶液相当于葡萄糖的质量，mg；

u——测定时消耗样品溶液的平均体积，mL；

V——样品溶液的总体积，mL。

六、实验注意事项

1. 此法又称快速法，适合于各类食品中还原糖的测定，是国家标准方法。
2. 此实验应严格遵守操作步骤及条件的一致性（如加热时间、滴定时的条件与速度等），以减少操作中产生的误差。
3. 测定中滴定速度、加热时间、热源强度、锥形瓶规格等对测定结果影响较大，故测定条件应力求一致，平行实验样品液消耗量差别应不超过0.1mL。
4. 整个滴定过程应保持溶液沸腾，继滴时消耗样液量必须控制在0.5～1.0mL，否则影响结果准确性。
5. 滴定到终点时指示剂被还原，蓝色消失，稍放置后因接触空气中氧，指示剂又被氧化，重新变成蓝色。此时不应再滴定。

七、实验思考题

1. 用化学反应式写出还原糖测定的反应原理。
2. 还原糖测定方法是否属于化学计量法？
3. 试说明碱性酒石酸铜溶液中各组分的作用。
4. 分析哪些操作因素会造成测定误差？

实验2-3 果葡糖浆中果糖含量的测定

一、实验目的

掌握咔唑比色法测定果葡糖浆中果糖含量的原理及方法。

二、实验原理

果葡糖浆也称高果糖浆或异构糖浆，它是以酶法糖化淀粉所得的糖化液经葡萄糖异构酶的异构作用，将其中一部分葡萄糖异构成果糖，并经过或不经过分离葡萄糖，主要由葡萄糖和果糖组成的一种混合糖浆。

在一定条件下，果糖与半胱氨酸盐酸盐-咔唑反应生成紫色物质，而在此条件下，葡萄糖的发色能力远远低于果糖（发色能力葡萄糖：果糖＝1：280），即使样品中葡萄糖含量一倍于果糖时，对分析结果影响也不大。故此法可用于异构糖中果糖含量的测定。由于蔗糖遇酸水解，故此法不能用于与蔗糖共存的样品。

三、实验器材

1. 试剂

70％硫酸溶液。

半胱氨酸硫酸溶液：称取半胱氨酸盐酸盐（$C_3H_7O_2NS \cdot HCl \cdot H_2O$）150mg，加10mL水溶解，然后再加入70％硫酸溶液200mL。

咔唑硫酸溶液：称取咔唑12mg，加入1.0mL无水乙醇溶解，然后加入70％硫酸溶液100mL。

果糖标准溶液：取一定量的D-果糖放入真空干燥箱内，在55℃下真空干燥至恒重。迅速称取果糖300mg，用水定容至100mL，贮于冰箱内。使用时用水稀释100倍，即含果糖30μg/mL。

2. 器材用具

分光光度计、恒温水浴锅、具塞比色管（25mL）、分析天平。

四、操作步骤

1. 试样制备

称取样品约1g（精确至0.0002g），用水稀释、定容至100mL，吸取1mL此液，再用水稀释定容至100mL。此时试样含果糖为25～40μg/mL。

2. 试样测定

取4支25mL具塞比色管，一支吸入1mL水，另一支吸入1mL果糖标准溶液，其余2支各吸入1mL试样。将比色管置于冰水浴中，分别加入4mL半胱氨酸硫酸溶液和2mL咔唑硫酸溶液，剧烈摇匀，置于40℃水浴中保温30min，再移入冰水浴中冷却，然后置于室温水中约0.5min，于560nm波长下，用1cm比色皿测其吸光度，以蒸馏水管为空白调零。取2份试样吸光度的算术平均值进行计算。

五、结果计算

$$X=\frac{30\times A_2\times 1000}{A_1\times c\times G\times 10^6}\times 100\%=\frac{30\times A_2}{A_1\times c\times G}$$

式中　X——样品的果糖含量，％；

A_1——果糖标准溶液的吸光度；

A_2——试样的吸光度；

c——样品浓度，μg /mL；

G——样品的固形物含量，%；

30——30μg /mL 果糖标准溶液。

六、实验思考题

果糖与半胱氨酸盐酸盐-咔唑反应为什么会显紫色？

实验 2-4 碘显色法测定淀粉的含量

淀粉是人类食物的重要组成部分，也是供给人体热能的主要来源，广泛存在于植物的根、茎、叶、种子等组织中。淀粉主要来源于玉米、马铃薯、小麦、甘薯、大米等作物。此外，栗、藕等也常作为淀粉加工的原料。自然界存在两类淀粉：直链淀粉与支链淀粉。由于支链淀粉与直链淀粉的结构不同，性质上也有一定差异。淀粉在食品工业中的消耗量远远超过其他的食品亲水胶体。许多食品中都含有淀粉，有的是来自原料，有的是生产过程中为了改变食品的物理性状作为添加剂而加入的。如在糖果制造中作为填充剂；在雪糕、棒冰等冷饮食品中作为稳定剂；在午餐肉罐头中作为增稠剂，以增加制品的结着性和持水性；在面包、饼干、糕点生产中用来调节面筋浓度和胀润度，使面团具有适合于工艺操作的物理性质等。淀粉含量是某些食品主要的质量指标，是食品生产管理中常做的分析项目。

直链淀粉和支链淀粉都以颗粒状存在于胚乳细胞中，具有晶体结构，常称为淀粉粒。不同来源的淀粉，其淀粉粒的形状和大小各不相同，用显微镜观察可鉴别淀粉的种类。淀粉不溶于浓度在 30%以上的乙醇溶液，在酸或酶的作用下可以水解，最终产物是葡萄糖。淀粉水溶液具有右旋性，比旋光度为＋201.5°～＋205°。淀粉的许多测定方法都是根据淀粉的理化性质而建立的。常用的方法有：根据淀粉在酸或酶作用下能水解为葡萄糖，通过测定还原糖进行定量的酸水解法和酶水解法；根据淀粉具有旋光性而建立的旋光法；根据淀粉不溶于乙醇而建立的重量法等。

一、实验目的

掌握碘显色法测定淀粉含量的原理与方法。

二、实验原理

样品经乙醚除去脂肪，乙醇除去可溶性糖后，用盐酸水解淀粉为葡萄糖。水解反应为：

$$(C_6H_{10}O_5)_n + nH_2O \longrightarrow nC_6H_{12}O_6$$

其中，$C_6H_{10}O_5$ 的分子量为 162，而 $C_6H_{12}O_6$ 的分子量为 180。

然后按还原糖测定方法测定水解所得葡萄糖含量，再把葡萄糖含量折算为淀粉含量。折算系数为 162/180＝0.9。

由于淀粉颗粒可与碘生成深蓝色配合物，可根据生成配合物颜色的深浅，通过分光光度计测定吸光度值，绘制标准曲线计算出淀粉含量。

三、实验器材

1. 试剂

马铃薯、精制马铃薯淀粉。

碘液：称取20g碘化钾（KI），加入50mL蒸馏水溶解，再迅速称取2.0g碘，将溶解的KI溶液倒入其中，用玻璃棒搅拌，直至碘完全溶解。碘液贮存在棕色小滴瓶中，用时稀释50倍。

乙醚、10%乙醇。

2. 器材用具

分析天平、电炉、容量瓶、刻度试管、分光光度计等。

四、操作步骤

1. 标准曲线的制作

准确称取1.0g经恒重的精制马铃薯淀粉，加入5mL蒸馏水捣成匀浆，缓慢倒入体积约为90mL的沸腾蒸馏水中，并不断搅拌，得澄清透明的糊化淀粉溶液，将它转移至250mL容量瓶中并定容（作为母液，4mg/mL）。吸取5.0mL母液至100mL容量瓶中，定容。取具塞刻度试管8支，按表2-1依次加入标准淀粉溶液、蒸馏水和碘液，摇匀静置10min后，用分光光度计于660nm波长处测定吸光度值。以吸光度值为纵坐标、已知标准淀粉溶液浓度为横坐标，绘制标准曲线。试样配制如表2-1所示。

表2-1 试样配方

项目	1	2	3	4	5	6	7	8
标准淀粉溶液/mL	0	0.5	1.0	1.5	2.0	2.5	3.0	4.0
碘液/mL	0.2	0.2	0.2	0.2	0.2	0.2	0.2	0.2
蒸馏水/mL	9.8	9.3	8.8	8.3	7.8	7.3	6.8	5.8
淀粉含量/(μg/mL)	0	100	200	300	400	500	600	800

2. 样品处理

将马铃薯冲洗干净，去皮，切成碎丝，称取马铃薯丝200g研磨成匀浆。将匀浆转移至漏斗中，用10mL乙醚洗涤，重复5次，最后再用10%乙醇洗涤3次。将滤纸上的残留物转移到100mL烧杯中，加入50mL蒸馏水，将烧杯置于沸水浴中不断搅拌，直到烧杯中的溶液为澄清透明状。将糊化后的淀粉转移到100mL容量瓶中，定容，混匀。

3. 样品吸光值测定

吸取2.0mL样品溶液至1000mL容量瓶中，用蒸馏水定容。准确吸取2.0mL稀释后的样品溶液（吸取量依照样品中淀粉浓度而变），置15mL具塞刻度试管中，加入0.2mL碘液，用蒸馏水补足到10mL，混匀，静置10min，然后于660nm波长处测定吸光度值，根据标准曲线计算淀粉含量。

五、结果计算

$$样品中的淀粉含量(g/100g\ 鲜重)=\frac{c}{W\times 10^6}\times 稀释倍数\times 100$$

式中　c——从标准曲线计算得到的样品淀粉含量，μg/mL；

W——样品质量，g。

六、实验思考题

1. 在样品处理过程中，加入的乙醚和10%乙醇分别起到什么样的作用？
2. 阐述淀粉糊化的机理。

实验 2-5　方便食品中淀粉 α 化程度的测定

一、实验目的

掌握通过水解释放还原糖测定食品糊化度的原理及方法。

二、实验原理

未经糊化的淀粉分子，其结构呈微晶束定向排列，这种淀粉结构状态称为 β 型结构，通过蒸煮或挤压，达到糊化温度时，淀粉充分吸水膨胀，以致微晶束解体，排列混乱，这种淀粉结构状态叫 α 型。淀粉从 β 型转化为 α 型的程度叫淀粉 α 化度，也即糊化程度。

在食品的生产中，常需要了解产品的糊化程度，因为 α 化度的高低影响复水时间和食品的品质。国家规定，油炸方便面的 α 化度≥85%；热风干燥面的 α 化度≥80%；米粉熟透的质量指标，α 化度在85%左右。

已糊化的淀粉，在淀粉酶水解作用下，可水解成还原糖，α 化度越高，即糊化的淀粉越多，水解后生成的糖越多。先将样品充分糊化，经对生淀粉完全不水解的淀粉酶水解后，用碘量法测定生成的还原糖，以此作为标准，糊化程度定位100%。然后另取样品，不糊化，用淀粉酶直接水解，用同样方法测定还原糖，通过计算可求出被测样品的相对糊化程度，即样品的 α 化度。

碘量法反应式如下：

$$C_6H_{12}O_6 + I_2 + NaOH \longrightarrow C_6H_{12}O_7\text{(葡萄糖酸)} + NaI + H_2O$$

$$I_2\text{(过量部分)} + 2NaOH = NaIO + NaI + H_2O$$

$$NaIO + NaI + 2HCl = 2NaCl + I_2 + H_2O$$

$$I_2 + 2Na_2S_2O_3 = 2NaI + Na_2S_4O_6$$

三、实验器材

1. 试剂

1）0.1mol/L碘标准溶液：称取碘1.28g和碘化钾3g，先将碘化钾溶解于少量蒸馏水中，在不断搅拌下加入碘，使其全部溶解后，移入100mL棕色容量瓶中，定容至刻度，摇匀，置避光处待用。

2）1mol/L盐酸、10%硫酸、0.1mol/L氢氧化钠、0.1mol/L硫代硫酸钠、0.5%淀粉指示剂。

3）糖化酶：制酒用浓糖化酶，用脱脂棉过滤，取滤液35～40mL，稀释至100mL，冷藏备用。

2. 器材用具

50mL 碘量瓶、100mL 锥形瓶、10mL 移液管、2mL 移液管、100mL 容量瓶、25mL 滴定管、索氏抽提器、恒温水浴锅、电炉、粉碎机（粉碎样品时发热不得超过 50℃）、感量 0.0001g 的分析天平等。

3. 试材

待测样品。

四、操作步骤

1. 样品处理

如果样品是含油量比较高的样品（如方便面），先将样品放入索氏抽提器中提取脂肪，粉碎后过 100 目分析筛，入广口瓶备用。

低脂肪样品：为便于下一步粉碎，样品水分应控制在 10%以下。为此，可用丙酮脱水，或用低温真空干燥。

低水分样品（包括已脱水、脱脂的样品）：磨细的样品，以加水能形成悬浊液，不析出沉淀最为理想。

高水分样品：可用均质机均质。

2. 称样、煮沸、酶解

准确称取样品，干燥样品称取 1.00g，湿度较高的样品称样 2～3g，1 份置于 A_1 具塞三角瓶中，另一份（各份样品质量的误差控制在±0.5%内）样品置于 A_2 三角瓶中，分别加入 50mL 蒸馏水。另取 B 瓶，加入 50mL 蒸馏水，做样品空白。把 A_1 瓶放在电炉上微沸糊化 20min，然后冷却至室温。在各瓶中加入稀释的糖化酶 2mL，摇匀后放入 50℃恒温水浴上保温 1h，并不时摇动。取出后，冷却至室温，立即加入 1mol/L 盐酸 2mL 终止糖化，把各三角瓶内反应物定容至 100mL 后过滤，备用。

3. 测定

分别取各滤液 10mL，置于三个 250mL 碘量瓶中，准确加入 0.1mol/L 碘液 5mL 及 0.1mol/L 氢氧化钠溶液 18mL，盖严放置 15min，然后迅速地加入 10%硫酸溶液 2mL，加几滴淀粉指示剂，以 0.1mol/L 的硫代硫酸钠溶液滴定至无色，记录所消耗的硫代硫酸钠的体积（mL）。

五、结果计算

$$\alpha\text{化程度}=\frac{V_0-V_2}{V_0-V_1}\times 100\%$$

式中 V_0——滴定空白溶液所消耗硫代硫酸钠的体积，mL；

V_1——滴定糊化样品所消耗的硫代硫酸钠的体积，mL；

V_2——滴定未糊化样品所消耗的硫代硫酸钠的体积，mL。

六、实验思考题

1. 加入糖化酶的量、糖化时间、糖化温度对测定结果有什么影响？

2. 简述 α 化程度测定原理。

3. 样品处理用乙醇抽滤的目的是什么？

4. 为什么要冷却到室温再加酶？

5. 淀粉指示剂在何时加入最好？

6. 试述碘量法测糖原理。

实验 2-6　茚三酮法测定氨基酸总量

一、实验目的

掌握茚三酮法测定氨基酸总量的原理与方法。

二、实验原理

氨基酸在碱性溶液中能与茚三酮作用，生成蓝色化合物（除脯氨酸外均有此反应），可用吸光光度法测定。反应式如下：

R—CH—COOH（NH_2）

水合茚三酮　→　还原茚三酮

水合茚三酮 + 还原茚三酮 + NH_3 →

蓝紫色化合物

该蓝紫色化合物的颜色深浅与氨基酸含量成正比，其最大吸收波长为 570nm，故据此可以测定样品中氨基酸含量。

三、实验器材

1. 试剂

1）2%茚三酮溶液：称取茚三酮 1g 于盛有 35mL 热水的烧杯中使其溶解，加入 40mg 氯化亚锡（$SnCl_2 \cdot H_2O$），搅拌过滤（作防腐剂）。滤液置冷暗处过夜，加水至 50mL，摇匀备用。

2）pH8.04 磷酸缓冲溶液：准确称取磷酸二氢钾（KH_2PO_4）4.5350g 于烧杯中，用少量蒸馏水溶解后，定量转入 500mL 容量瓶中，用水稀释至标线，摇匀备用。

准确称取磷酸氢二钠（Na_2HPO_4）11.9380g 于烧杯中，用少量蒸馏水溶解后，定量转入 500mL 容量瓶中，用水稀释至标线，摇匀备用。

取上述配好的磷酸二氢钾溶液 10.0mL 与 190mL 磷酸氢二钠溶液混合均匀，即为 pH8.04 的磷酸缓冲溶液。

3）氨基酸标准溶液：准确称取干燥的氨基酸（如异亮氨酸）0.2000g 于烧杯中，先用少量水溶解后，定量转入 100mL 容量瓶中，用水稀释至标线，摇匀。准确吸取此液 10.0mL 于 100mL 容量瓶中，加水至标线，摇匀。此为 200μg/mL 氨基酸标准溶液。

2. 器材用具

分光光度计、容量瓶、烧杯、分析天平、电炉、移液管。

四、操作步骤

1. 标准曲线绘制

准确吸取 200μg/mL 的氨基酸标准溶液 0.0、0.5mL、1.0mL、1.5mL、2.0mL、2.5mL、3.0mL（相当于 0、100μg、200μg、300μg、400μg、500μg、600μg 氨基酸），分别置于 25mL 容量瓶或比色管中，各加水补充至容积为 4.0mL，然后加入茚三酮和磷酸缓冲溶液各 1mL，混合均匀，于水浴上加热 15min，取出迅速冷至室温，加水至标线，摇匀。静置 15min 后，在 570nm 波长下，以试剂空白为参比液测定其余各溶液的吸光度 A。以氨基酸的质量（μg）为横坐标、吸光度 A 为纵坐标，绘制标准曲线。

2. 样品的测定

吸取澄清的样品溶液 1～4mL，按标准曲线制作步骤，在相同条件下测定吸光度 A 值，用测得的 A 值在标准曲线上即可查得对应的氨基酸质量（μg）。

五、结果计算

$$氨基酸含量(\mu g/100g)=\frac{c}{m\times 1000}\times 100$$

式中　c——从标准曲线上查得的氨基酸的质量，μg；

　　m——测定的样品溶液相当于样品的质量，g。

六、实验注意事项

1. 通常采用样品处理方法为：准确称取粉碎样品 5～10g 或吸取液体样品 5～10mL，置于烧杯中，加入 50mL 蒸馏水和 5g 左右活性炭，加热煮沸，过滤，用 30～40mL 热水洗涤活性炭，收集滤液于 100mL 容量瓶中，加水至标线，摇匀备测。

2. 茚三酮受阳光、空气、温度、湿度等影响而被氧化呈淡红色或深红色，使用前须进行纯化，方法如下：取 10g 茚三酮溶于 40mL 热水中，加入 1g 活性炭，摇动 1min，静置 30min，过滤。将滤液放入冰箱中过夜，即出现蓝色结晶，过滤，用 2mL 冷水洗涤结晶，置干燥器中干燥，装瓶备用。

实验 2-7 微量凯氏定氮法测定食品中的蛋白质含量

一、实验目的

掌握微量凯氏定氮法测定蛋白质含量的原理与方法。

二、实验原理

蛋白质是含氮的化合物。一般情况下，蛋白质的含氮量为 15%～17.6%。据此可以测出总氮的含量，从而推算出样品中蛋白质的含量，如下式所述：

$$\frac{N}{16\%}=N\times 6.25=\text{蛋白质含量}$$

数字 6.25 称为蛋白质系数，用 F 表示。

食品样品与浓硫酸和催化剂（硫酸铜和硫酸钾）一同加热消化，使蛋白质分解，其中碳和氢被氧化成 CO_2 和水逸出，而样品中的氮转化为氨，再与硫酸结合成硫酸铵。然后加碱蒸馏，硫酸铵转化成氨蒸出。蒸出的氨用硼酸吸收液吸收，用标准盐酸溶液（或标准硫酸溶液）滴定。根据标准酸的消耗量可以计算出蛋白质的含量。

由于食品中除蛋白质外，还含有包括核酸、生物碱、含氮类脂、卟啉和含氮色素等非蛋白质含氮物质，所以用此法测得的蛋白质称为粗蛋白。

三、实验器材

1. 试剂

1）20g/L 硼酸溶液：称取 20g 硼酸，加水溶解后稀释定容至 1000mL。

2）400g/L 氢氧化钠溶液：称取 40g 氢氧化钠加水溶解，放冷并稀释至 100mL。

3）0.0500mol/L 标准溶液：量取 4.5mL 盐酸，加水稀释至 1000mL，并用干燥至恒重的基准无水碳酸钠标定出准确浓度。

标定方法：取适量的无水碳酸钠在 270～300℃的烘箱中保持 1h（加热期间可搅拌，防止无水碳酸钠结块），加热完毕后于干燥器中冷却保存。准确称取 0.1g 烘干后的无水碳酸钠（精确至 0.0001g）溶于 50mL 水中，加 10 滴溴甲酚绿-甲基红混合指示液，用配制好的盐酸溶液滴定至溶液由绿色变为暗红色，煮沸 2min，冷却后继续滴定至溶液呈暗红色，记录消耗盐酸的体积。同时做试剂空白试验。

盐酸标准溶液浓度的计算：

$$c(\mathrm{HCl})=\frac{m}{(V_1-V_2)\times 0.0530}$$

式中 m——称取无水碳酸钠的质量，g；

V_1——无水碳酸钠消耗盐酸的体积，mL；

V_2——试剂空白消耗盐酸的体积，mL；

0.0530——与 1.00mL 盐酸标准滴定液［$c(\mathrm{HCl})=1\mathrm{mol/L}$］相当的基准无水碳酸钠的质量，g。

4）1g/L 甲基红乙醇溶液：称取 0.1g 甲基红溶于 95%乙醇中，用 95%乙醇稀释至 100mL。

5）1g/L 亚甲基蓝乙醇溶液：称取 0.1g 亚甲基蓝溶于 95%乙醇中，用 95%乙醇稀释至 100mL。

6）1g/L 溴甲酚绿乙醇溶液：称取 0.1g 溴甲酚绿溶于 95%乙醇中，用 95%乙醇稀释至 100mL。

7）混合指示液：2 份甲基红乙醇溶液与 1 份亚甲基蓝乙醇溶液临用时混合（体积比）。

本实验所用水均为无氨蒸馏水。无氨蒸馏水制备方法：在 1 L 蒸馏水中加 0.1mL 浓硫酸，在全玻璃蒸馏器中重蒸馏，弃去 50mL 初馏液，然后收集约 800mL 馏出液于具磨口塞的玻璃试剂瓶中保存。

2. 器材用具

凯氏烧瓶，定氮蒸馏装置，自动消化炉或自动凯氏定氮仪（选用，以分别替代凯氏烧瓶、电炉和定氮蒸馏装置）。

四、操作步骤

1. 样品的消解

称取充分混匀的固体样品0.2～2g、半固体试样2～5g或液体试样10～25g（试样中蛋白质相当于30～40mg氮），精确至0.001g，移入干燥的100mL、250mL或500mL凯氏烧瓶中，加入0.2g硫酸铜、6g硫酸钾及20mL浓硫酸，轻摇后于瓶口放一小漏斗，将瓶以45°斜支于有小孔的石棉网上，在电炉或电热板上小心加热。待内容物全部炭化，泡沫产生完全停止后，加强火力并保持瓶内液体微沸至液体呈蓝绿色并澄清透明后，再继续加热0.5～1h。将凯氏烧瓶取下放冷，小心加入20mL水，加热到白烟出现，将烧瓶取下放冷，将其中的液体移入100mL容量瓶中，并用少量水洗涤凯氏烧瓶，洗液并入容量瓶中，加水至刻度，混匀备用。

同时做试剂空白试验。

消化过程须在通风橱内进行。

2. 蒸馏与吸收

按照原理装好微量凯氏定氮装置。

在水蒸气发生器内装水至2/3处，加入数粒玻璃珠（或沸石），加入甲基红乙醇溶液数滴，加入硫酸至水溶液呈微红色，以保持水呈酸性。加热煮沸水蒸气发生器内的水并保持沸腾。向接收瓶内加入10.0mL硼酸溶液及1～2滴混合指示液，并使冷凝管的下端插入液面以下，开启冷凝水。根据试样中氮含量，准确吸取2.0～10.0mL消化后定容的溶液由小玻璃杯注入反应室，用10mL水洗涤小烧杯并使之流入反应室内，随后塞紧棒状玻璃塞。将10.0mL氢氧化钠溶液倒入小烧杯中，提起棒状玻璃塞使氢氧化钠缓缓流入反应室，立即将棒状玻璃塞盖紧，并加水于小玻璃杯做液封以防漏气，开始蒸馏。

3. 滴定

蒸馏10min后（硼酸吸收液由酒红色变为蓝绿色）移动蒸馏液接收瓶，提高冷凝管下端离开液面，再蒸馏1min。然后用少量水冲洗冷凝管下端外部，取下蒸馏液接收瓶。

以盐酸标准滴定液滴定接收液至终点（溶液颜色由紫红色变成灰色），记录消耗盐酸标准溶液的体积。

同时做空白，记录消耗盐酸标准溶液的体积。

五、结果计算

试样中蛋白质含量按下式计算：

$$X=\frac{c\times(V_2-V_1)\times0.0140}{m\times\frac{V_3}{100}}\times F\times100$$

式中 X——试样中蛋白质的含量，%；

V_1——试剂空白消耗盐酸标准滴定液的体积，mL；

V_2——试液消耗盐酸标准滴定液的体积，mL；

V_3——吸收样品消化液的体积，mL；

c——盐酸标准滴定液浓度，mol/L；

0.0140——1.0mL 硫酸 [$c(1/2H_2SO_4)=1.000mol/L$] 或盐酸 [$c(HCl)=1.000mol/L$] 标准滴定溶液相当的氮的质量，g；

m——试样的质量，g；

F——氮换算为蛋白质的系数。一般食物为 6.25；纯乳与纯乳制品为 6.38；面粉为 5.70；玉米、高粱为 6.24；花生为 5.46；大米为 5.95；大豆及其粗加工制品为 5.71；大豆蛋白制品为 6.25；肉与肉制品为 6.25；大麦、小米、燕麦、裸麦为 5.83；芝麻、向日葵为 5.30；复合配方食品为 6.25。对查不到 F 的样品，换算系数可用 6.25。

蛋白质含量≥1%时，结果保留 3 位有效数字；蛋白质含量<1%时，结果保留 2 位有效数字。

六、实验注意事项

1. 消化时，样品、硫酸铜、硫酸钾及浓硫酸需尽可能加入到凯氏烧瓶底部，不要黏附在凯氏烧瓶瓶颈，以避免消化不彻底。

2. 消化开始时不要用强火并不时转动凯氏烧瓶，以便利用冷凝器的酸液将附在瓶壁上的固体残渣洗下并促进其消化完全。

3. 样品中若含脂肪或糖较多，在消化前应加入少量辛醇或液体石蜡或硅油做消泡剂，以防消化过程中产生大量泡沫。

4. 消化完全后要冷至室温才能稀释或定容。所用试剂溶液应用无氨蒸馏水配制。

5. 在蒸馏与吸收之前，需用水蒸气洗涤整套装置，测试装置是否漏气，若漏气需及时调整装置，保证在蒸馏与吸收过程中不漏气，否则将导致测定结果偏低。

6. 在蒸汽发生瓶中要加入硫酸和甲基橙使呈酸性以防氨蒸出。

7. 蒸馏和吸收时加碱量要足，应使消化液呈深蓝色或产生黑色沉淀。操作要迅速，小玻璃杯要采用水封防氨逸出。

8. 在蒸馏和吸收过程中要注意各水蒸气控制夹子的操作，以防水蒸气受阻爆炸或吸收液倒吸。

9. 冷凝管下端先插入硼酸吸收液液面以下才能蒸馏；吸收液温度不应超过 40℃，若超过时可置于冷水浴中使用。蒸馏完毕后，应先将冷凝管下端提离液面，再蒸 1min，将附着在尖端的吸收液完全洗入吸收瓶内，再将吸收瓶移开，最后关闭电源。绝不能先关闭电源，否则吸收液将发生倒吸。

10. 在每次测定前及两次测定之间，均要洗涤反应管（倒吸法：在吸收瓶中加入蒸馏水，其余同测定时的做法，在蒸汽发生器中水剧烈沸腾后，立即移开电炉，水即从吸收瓶中倒吸入反应管，再倒吸入汽水分离器或蒸汽发生器中，打开夹子，即可放出废水）。

11. 混合指示剂在碱性溶液中呈绿色，在中性溶液中呈灰色，在酸性溶液中呈红色。

12. 消化、蒸馏和吸收操作步骤也可使用自动消化炉或自动凯氏定氮仪进行，需按照相关说明书操作，结果的计算方法不变。

七、实验思考题

1. 硫酸铜和硫酸钾在消化时的作用是什么？

2. 为什么采用凯氏定氮法测定的蛋白质为粗蛋白？

3. 蒸馏时为什么要加入氢氧化钠溶液？加入量对测定结果有何影响？

4. 在蒸汽发生瓶水中加甲基红指示剂数滴及数毫升硫酸的作用是什么？若在蒸馏过程中发现蒸汽发生瓶中的水变为黄色，立即补加硫酸可以吗？

5. 实验操作过程中影响测定准确性的因素有哪些？

实验 2-8　索氏提取法测定食品中粗脂肪的含量

一、实验目的

掌握索氏提取法测定脂肪的原理、方法、适用范围及影响因素。

二、实验原理

利用脂肪能溶于非极性有机溶剂的性质，先将试样干燥，然后在索氏提取器中将样品用无水乙醚或石油醚提取，除去乙醚或石油醚，所得残留物即为粗脂肪。

三、实验器材

1. 试剂

除另有规定外，本试验所用试剂均为分析纯。

1）无水乙醚：分析纯，不含过氧化物。

2）石油醚：分析纯，沸程 30～60℃。

3）海砂：直径 0.65～0.85mm，二氧化硅含量不低于 99%。

2. 器材用具

索氏抽提器，电热鼓风干燥箱，分析天平（感量 0.1mg），称量皿（铝质或玻璃质），绞肉机，组织捣碎机。

四、操作步骤

1. 试样的制备

1）固体试样：取有代表性的样品至少 200g，用研钵捣碎、研细、混合均匀，置于密闭玻璃容器内保存。

2）粉状样品：取有代表性的样品至少 200g（如粉粒较大也应用研钵研细），混合均匀，置于密闭玻璃容器内保存。

3）糊状样品：取有代表性的样品至少 200g，混合均匀，置于密闭玻璃容器内保存。

4）固、液体样品：用组织捣碎机将样品捣碎，混合均匀，取样品至少 200g 置于密闭玻璃容器内保存。

5）肉制品：去除非可食部分，取有代表性的样品至少 200g，用绞肉机至少绞 2 次，混合均匀，置于密闭玻璃容器内保存。

2. 索氏提取器的清洗

将索氏提取器各部位充分洗涤并用蒸馏水清洗干净后烘干。底瓶在（103±2)℃的电热鼓风干燥箱内干燥至恒重（前后两次称量差不超过0.002g）。

3. 称样、干燥

1）用洁净的称量皿称取约5g试样，精确至0.001g。

2）含水量40%以上的试样，加入适量海砂，置沸水浴上蒸发水分。用一端偏平的玻璃棒不断搅拌试样直至成松散状；含水量40%以下的试样，加适量海砂后充分搅匀即可。

3）将上述拌有海砂的试样全部移入滤纸筒内，用沾有少量无水乙醚或石油醚的脱脂棉擦净称量皿和玻璃棒，将脱脂棉一并放入滤纸筒内。滤纸筒上方塞入少量脱脂棉。

4）将盛有试样的滤纸筒移入电热鼓风干燥箱内，在（103±2）℃下烘干2h。西式糕点样品应在（90±2）℃烘干2h。

4. 提取

将干燥后盛有试样的滤纸筒放入索氏提取筒内，连接已干燥至恒重的底瓶，注入无水乙醚或石油醚至虹吸管高度以上。待提取液流净后，再加提取液至虹吸管高度的1/3处。连接回流冷凝管，用少量脱脂棉塞入冷凝管上口。将底瓶放在水浴锅上加热。

水浴温度应控制在使提取液每6～8min回流1次（70～80℃，切忌明火，注意室内通风）。

肉制品、豆制品、谷物油炸制品、糕点等食品提取6～12h；坚果制品提取约16h。

提取结束时，用磨砂玻璃接取1滴提取液，如果磨砂玻璃上无油斑表明提取完毕。

5. 烘干、称重

提取完毕后，取下底瓶，在水浴上蒸干并除尽残余的无水乙醚或石油醚。用脱脂滤纸擦净底瓶外部，在（103±2）℃的干燥箱内将底瓶干燥1h，取出，置于干燥器内冷却至室温，称量。重复干燥0.5h，冷却，称量，直至前后2次称量差不超过0.002g。

【注】滤纸筒制作方法：滤纸包折叠的大小，以能平整地放入浸提器内为度（宽度不大于浸提器的内径，长度不超过浸提器的虹吸管），否则将影响浸提效果。

五、结果计算

食品中粗脂肪含量按下式计算：

$$X=\frac{m_2-m_1}{m}$$

式中　X——食品中粗脂肪的质量分数，%；

m_2——底瓶和粗脂肪的质量，g；

m_1——底瓶的质量，g；

m——试样的质量，g。

计算结果表示到小数点后2位数字。

同一试样的2次测定值之差不得超过2次测定平均值的5%。

六、实验注意事项

1. 提取剂无水乙醚或石油醚都是易燃、易爆的化学物质，应注意通风且不能有火源。
2. 样品在虹吸管中的高度不能超过虹吸管，否则上部脂肪不能提尽而造成误差。
3. 反复加热可能会因脂类氧化而增重。称量样品的质量增加时，以增重前样品的质量为恒重。

七、实验思考题

1. 简述索氏提取法的提取原理及应用范围。
2. 潮湿的样品可否采用乙醚直接提取，为什么？
3. 使用乙醚做脂肪提取溶剂时，应注意的事项有哪些？

实验 2-9 2,6-二氯靛酚滴定法测定果蔬中维生素 C 的含量

一、实验目的

掌握 2,6-二氯靛酚滴定法测定果蔬中维生素 C 含量的原理与方法。

二、实验原理

2,6-二氯靛酚是一种染料，在碱性介质中呈深蓝色，在酸性介质中呈浅红色。用蓝色的碱性染料标准液滴定含有维生素 C 的酸性浸出液时，染料可氧化维生素 C 而本身被还原为无色的衍生物，达到终点时，稍过量的染料在酸性介质中呈浅红色，根据染料液消耗量可计算出试样中还原型抗坏血酸的含量。

三、实验器材

1. 试剂

1）2% 草酸溶液。

2）淀粉指示剂：取 1g 可溶性淀粉，加 10mL 冷水调成稀粉浆，倒入正在沸腾的 100mL 水中，搅拌至透明，放冷备用。

3）6% 碘化钾溶液。

4）0.1mol/L 碘酸钾标准溶液：称取 3.5670g 经烘干的基准碘酸钾溶解并定容到 1000mL。

5）0.001mol/L 碘酸钾标准溶液。

6）维生素 C 标准溶液：称取纯 L-抗坏血酸粉末 20mg，用 2%草酸溶解定容到 100mL。

标定：准确吸取维生素 C 标准溶液 5mL，于小锥形瓶中，加入 6%碘化钾 0.5mL，淀粉指示剂 3 滴，混匀后用 0.001mol/L 标准碘酸钾溶液滴定至蓝色刚出现为止。

$$\text{维生素 C 标准溶液浓度(mg/mL)}=\frac{V\times 0.088}{5}$$

式中 V——消耗碘酸钾标准溶液的体积，mL；

0.088——0.001mol/L 碘酸钾 1mL 相当于维生素 C 的质量，mg。

7）2,6-二氯靛酚溶液：称取 52mg 碳酸氢钠，溶于 200mL 沸水中。称取 50mg 2,6-二氯靛酚，溶解于上述碳酸氢钠溶液中，冷却后，移入 250mL 容量瓶中，蒸馏水定容，过滤于棕色瓶中，贮于冻箱，每周至少标定一次。

标定：吸取维生素 C 标准溶液 5mL，加入 2%草酸 5mL，以 2,6-二氯靛酚染料溶液滴定，至微红色 15s 不褪色即为终点。计算出每毫升染料液相当的维生素 C 质量（mg）。

2. 器材用具

组织捣碎机、自动滴定管、200mL 容量瓶、10mL 移液管、烧杯、漏斗、100mL 锥形瓶等。

四、操作步骤

1. 样品处理

果蔬洗净，擦干表面水分，取可食部分 10g 于组织捣碎机中，加入适量 2%草酸，移入 250mL 容量瓶中，用 2%草酸定容，摇匀，过滤弃初滤液，收集滤液备用。如果滤液颜色深滴定时不易辨别终点，可在滤液中加入适量白陶土，搅拌均匀后再过滤，收集滤液备用。

2. 测定

吸取 10mL 滤液于 100mL 锥形瓶中，迅速用已标定的染料液滴定至微红色 15s 不褪为终点，记录染料液用量。平行测定 3 次，取平均值。

吸取 2%草酸 10mL，用染料液滴定，记录下染料液消耗量，做空白实验。

五、结果计算

$$维生素\ C(mg/100g)=\frac{(V-V_0)\times T}{w\times\frac{V_2}{V_1}}\times 100$$

式中 V——滴定空白时消耗染料液体积，mL；

V_0——滴定样液时消耗染料液体积，mL；

V_1——样品处理液总体积，mL；

V_2——测定时用样品处理液体积，mL；

w——称取的匀浆相当于原样品的质量，g；

T——1mL 染料液相当于维生素 C 的质量，mg。

六、实验注意事项

1. 本法测定的是还原型维生素 C，是最简便的方法，适合于大多数水果蔬菜中维生素 C 的测定，但对红色蔬菜不适宜。

2. 整个操作过程应迅速。滴定开始时，染料溶液应迅速加入直至红色不立即消失，而后一滴一滴地加入，并不断摇动三角烧瓶，至粉红色 15s 不消失为止。

3. 样品中可能存在的还原性杂质也能还原染料，但其反应速度较维生素 C 慢，故滴定时以 15s 不褪为终点。

4. 所用试剂应用新鲜重蒸馏水配制，测定过程应避免接触金属离子。

七、实验思考题

1. 样品处理时为什么要用 2%草酸而不用蒸馏水？

2. 分析哪些操作因素易造成实验误差？

3. 查资料写出该法的化学反应方程式。

实验 2-10 分光光度法测定叶绿素的含量

一、实验目的

掌握植物、食品中叶绿素含量分光光度测定的原理与方法。

二、实验原理

叶绿素的分子结构是由四个吡咯环组成的一个卟啉环，此外还有一个叶绿醇，由于分子具有共轭结构，因此可吸收可见光。叶绿素是脂类化合物，可溶于丙酮、石油醚、正己烷等有机溶剂，用有机溶剂提取的叶绿素可在一定波长下测定叶绿素溶液的吸光度，计算叶绿素含量。

高等植物中叶绿素有两种：叶绿素 a 和叶绿素 b。叶绿素 a 和叶绿素 b 在 645nm 和 663nm 处有最大吸收，且两吸收曲线相交于 652nm 处。因此测定提取液在 645nm、652nm、663nm 波长下的吸光度值，并根据经验公式可分别计算出叶绿素 a、叶绿素 b 和总叶绿素的含量。

三、实验器材

1. 试剂

丙酮、碳酸钙。

2. 器材用具

分光光度计、天平、具塞刻度试管（15mL）、研钵、漏斗、滴管、滤纸、试管架。

3. 试材

菠菜叶片等。

四、操作步骤

1. 样品处理

准确称取洗净、擦干（去叶片中脉）的菠菜叶片 1.00g，于研钵中加少许碳酸钙研磨成匀浆，用 80%丙酮浸提。将上清液过滤（滤纸先用 80%丙酮湿润），用滴管吸取 80%丙酮分次把研钵中叶绿素浸提液和残渣洗净，然后再用丙酮逐滴把滤纸上的叶绿素溶液洗净，全部转移到具塞刻度试管，定容到 15mL。

2. 测定

于 645nm、652nm、663nm 处测定吸光度值，以 80%丙酮为空白调零。

五、结果计算

按照下列经验公式，分别计算叶绿素 a、叶绿素 b 和总叶绿素的含量（单位为 mg/g 鲜重）：

$$叶绿素a=(12.71A_{663}-2.59A_{645})\times\frac{V\times1000}{m}$$

$$叶绿素b=(22.88A_{645}-4.68A_{663})\times\frac{V\times1000}{m}$$

$$总叶绿素=\frac{A_{652}}{34.5\times m}\times V\times1000$$

式中 m——样品质量，g；

V——叶绿素丙酮提取液的最终体积，mL；

A_{663}、A_{652}、A_{645}——分别代表在指定波长下叶绿素提取液的吸光度值。

六、实验注意事项

叶绿素是一种极不稳定的化合物，它能被活细胞的叶绿素酶水解，脱去叶绿醇，转变为叶绿酸。光照和高温都会使叶绿素发生氧化和分解。因此在分离提取叶绿素的过程中，必须注意控制这些因素，尽可能在低温和弱光下进行，并注意缩短实验时间，以防止叶绿素的破坏。

七、实验思考题

1. 日常炒菜时，如果要加醋，在什么时候加最好，为什么？
2. 简述叶绿素的分布及性质。

实验 2-11 稻米直链淀粉含量的测定

一、实验目的

掌握稻米直链淀粉含量测定的原理与方法。了解稻米直链淀粉含量与大米品质的关系。

二、实验原理

直链淀粉：淀粉中的多糖组成，其大分子具有明显的链状结构；支链淀粉：淀粉中的多糖组成，其大分子具有支链结构。

将大米粉碎至细粉以破坏淀粉的晶形结构，使其易于完全分散及糊化，并对粉碎试样脱脂，脱脂后的试样在氢氧化钠溶液中分散，向一定量的试样分散液中加入碘试剂，在620nm处测定所形成的复合物的吸光度。考虑到支链淀粉对试样中碘-直链淀粉复合物的影响，利用直链淀粉与支链淀粉的混合物制备校正曲线，从校正曲线上读取试样中直链淀粉含量。

三、实验器材

1. 试剂

所用试剂除注明外，均为分析纯，水为蒸馏水或至少相同纯度的水。

甲醇：85%（体积分数）；乙醇：95%（体积分数）；氢氧化钠：1mol/L 水溶液；氢

氧化钠：0.09mol/L 水溶液，准确标定；乙酸：1mol/L 溶液。

碘试剂：用具盖称量瓶称取 2.000g±0.005g 碘化钾，加适量的水以形成饱和溶液，加入 0.200g±0.001g 碘，碘全部溶解后将溶液定量移至 100mL 容量瓶中，加水至刻度，摇匀。用前现配，避光保存。

1mg/mL 马铃薯直链淀粉标准溶液：称取 100mg±0.5mg 脱脂及平衡后的直链淀粉于 100mL 烧杯中，加入 1.0mL 无水乙醇湿润样品，再加入 9.0mL 1mol/L 氢氧化钠溶液于 85℃水浴中分散 10min，移入 100mL 容量瓶，用 70mL 水分数次洗涤烧杯，洗涤液一并移入容量瓶中，加水至刻度，剧烈摇匀。1mL 此标准分散液含 1mg 直链淀粉。

1mg/mL 支链淀粉标准溶液：称取 100mg±0.5mg 经除去蛋白质、脱脂及平衡后的蜡质大米支链淀粉于 100mL 烧杯中，加入 1.0mL 无水乙醇湿润样品，再加入 9.0mL 1mol/L 氢氧化钠溶液于 85℃水浴中分散 10min，移入 100mL 容量瓶，用 70mL 水分数次洗涤烧杯，洗涤液一并移入容量瓶中，加水至刻度，剧烈摇匀。1mL 此标准分散液含 1mg 支链淀粉。

2. 器材用具

分光光度计（具有 1cm 比色皿可在 620nm 处测量吸光度）、索氏脂肪抽提器、100mL 容量瓶、50mL 具塞比色管、粉碎机、天平、烧杯、移液管、恒温水浴锅等。

3. 试材

粳米、糯米等。

四、操作步骤

1. 试样制备

用粉碎机粉碎至少 20 粒大米样品，全部通过 80 目筛，混匀，装入磨口广口瓶中备用。

用甲醇在索氏抽提器回流抽提试样 4h（精度在标一以上的大米抽提 2h），脱脂，将试样分散于盘中静置 2d，使残余甲醇挥发及水分含量达到平衡。

2. 称样

称取 100mg±0.5mg 样品于 100mL 小烧杯中。

3. 样品溶液

用移液管小心地向试样部分中加入 1.0mL 无水乙醇，将黏附于杯壁上的试样全部冲下，充分湿润样品，再用移液管加入 9.0mL 1mol/L 氢氧化钠溶液，在室温下静置 15～24h 分散试样，或在 85℃水浴中分散 10～15min，迅速冷却，移入 100mL 容量瓶，用 70mL 水分数次洗涤烧杯 3～4 次，洗涤液一并移入容量瓶中，加水至刻度，剧烈摇匀。

4. 试验空白

测定时同时做一试验空白，相同的操作步骤及与测定所用同量试剂，但用 2.5mL 0.09mol/L 氢氧化钠溶液代替试样溶液。

5. 校正曲线绘制

1）标准系列溶液的制备。按照表 2-2 将一定体积的直、支链淀粉标准分散液及 2.0mL 0.09mol/L 氢氧化钠溶液混匀。

表 2-2 淀粉标准溶液的配制

稻米中直链淀粉含量(干基)/%	混合液组成/mL		
	直链淀粉	支链淀粉	0.09mol/L NaOH
0	0	18.0	2.0
10.0	2.0	16.0	2.0
20.0	4.0	14.0	2.0
25.0	5.0	13.0	2.0
30.0	6.0	12.0	2.0

对常规分析可用预先测定了直链淀粉含量的脱脂大米代替直链淀粉分散液作校正用。

2）显色。准确移取 2.5mL 标准系列溶液于 50mL 比色管中，比色管中预先加入 25mL 水，加 0.5mL 1mol/L 乙酸溶液混匀，再加入 1.0mL 碘试剂，加水至刻度，塞上塞子，摇匀，静置 20min。

3）吸光度测定。用分光光度计将试样空白调零，在 620nm 处测吸光度。

4）绘制标准曲线。以吸光度为纵坐标、直链淀粉含量为横坐标，绘制校正曲线。直链淀粉含量以稻米干基质量百分率表示。

6. 测定

1）显色：准确移取 2.5mL 样品溶液于盛有 25mL 水的 50mL 比色管中，依标准系列溶液的制备步骤操作，先加入乙酸溶液。

2）吸光度测定：用试样空白溶液将分光光度计调零，在 620nm 处测吸光度。

7. 测定次数

每一样品定容液取 2 份平行测定。

五、结果计算

由吸光度在校正曲线上查出相对于干基的直链淀粉的百分率表示。以 2 次测定结果的算术平均值为测定结果。测定结果保留一位小数。

直链淀粉含量在 10.0%的双验允许误差不得超过 1.0%，直链淀粉含量在 10.0%以下的 2 次实验允许误差不得超过 0.5%。

六、实验思考题

1. 简述稻米直链淀粉含量测定的基本原理。
2. 讨论稻米直链淀粉含量与大米品质的关系。

实验 2-12 酸碱处理法测定食品中粗纤维的含量

一、实验目的

掌握使用酸碱处理法测定纤维素含量的原理与方法。

二、实验原理

纤维素与淀粉一样，也是由D-葡萄糖构成的多糖，所不同的是纤维素D-葡萄糖以β-1,4糖苷键连接而成，分子不分支。纤维素的水解比淀粉困难得多，它对稀酸、稀碱相当稳定，与较浓的盐酸共热时，才能水解成葡萄糖。纤维素的聚合度通常为300～2500，分子量在50000～405000。

测定纤维素的方法很多，如氯化法、硝酸法、酸碱处理法、酸性洗涤剂法、中性洗涤剂法等。

酸碱处理法为测定纤维素含量的经典方法，也是国家标准推荐的分析方法。适用于植物类食品中粗纤维的测定。

在酸碱作用下，样品中的糖、淀粉、果胶和半纤维素经水解除去后，再用碱处理，除去蛋白质及脂肪，遗留的残渣为粗纤维。如果含有不溶于酸碱的杂质，可用灰化法除去。

三、实验器材

1. 试剂

1）1.25%硫酸工作液：将280mL浓硫酸加至水中，并稀释至5 L，此为质量浓度10g/100mL的硫酸贮备液；然后将62.5mL硫酸贮备液加水稀释至500mL。

2）1.25%氢氧化钾工作液：溶解500g氢氧化钾于水中，并稀释至5 L，此为质量浓度10g/100mL的氢氧化钾贮备液；然后将62.5mL氢氧化钾贮备液加水稀释至500mL。

3）硅油消泡剂，四氯化碳，95%乙醇，乙醚等。

2. 器材用具

1）石棉：加NaOH溶液（50g/L）浸泡石棉，在水浴上回流8h以上，用热水充分洗涤。然后加HCl（浓盐酸∶水＝1∶4）在沸水浴上回流8h以上，再用热水充分洗涤，干燥。在600～700℃的高温电炉中燃烧后，加水使成混悬物，贮于带塞玻璃瓶内。

2）G_2垂融坩埚或G_2垂融漏斗。

3. 试材

含植物纤维的食品或植物组织。

四、操作步骤

1. 称取20～30g捣碎的样品（或5.0g干样品），置于500mL锥形瓶中，加入200mL煮沸的1.25%硫酸溶液，易起泡的样品可加几滴消泡剂，立即加热至沸腾，保持体积恒定，维持30min，每隔5min摇动锥形瓶1次，以充分混合瓶内的物质。

2. 取下锥形瓶，立即用衬有亚麻布的布氏漏斗过滤，用沸水洗涤至洗液不显酸性。再用200mL煮沸的1.25%氢氧化钾溶液将样品洗回原锥形瓶中，加热微沸30min后，取下锥形瓶，立即以亚麻布过滤，用沸水洗涤2～3次后，移入已干燥称重的G_2垂融坩埚（或同型号的垂融漏斗）中，抽滤，用热水充分洗涤后抽干，再依次用乙醇、乙醚洗涤1次（用量约20mL）。将坩埚和内容物置于105℃烘箱中烘干后称重，重复操作，直至恒重。

3. 如果样品中含有较多的不溶性杂质，则可将样品移入石棉坩埚中，烘干称重后，再移入550℃高温炉中灰化，使含碳的物质全部灰化，置于干燥器内冷却至室温后称重，所损失的量即为粗纤维量。

五、结果计算

$$X=\frac{G}{m}\times 100$$

式中　X——样品中粗纤维（酸碱处理法）的质量分数，%；

G——残余物的质量（或经高温灼烧后损失的质量），g；

m——样品质量，g。

六、实验注意事项

1. 纤维素的测定方法之间不能相互对照。对同一样品，分析结果因测定方法、操作条件的不同差别很大。因此，必须严格控制实验条件，表明分析结果时还应注明测定方法。

2. 酸碱处理法是测定纤维含量的标准方法，但由于在操作过程中，纤维素、木质素、半纤维素都发生了不同程度的降解和流失，残留物中除纤维素、木质素外，还含有少量蛋白质、半纤维素、戊聚糖和无机物质，因此称为“粗纤维”。

3. 酸碱处理法操作较繁杂，测定条件不易控制，影响分析结果的主要因素如下。

1）样品细度：样品愈细，分析结果愈低，通常样品细度控制在1mm左右。

2）回流温度及时间：回流时沸腾不能过于猛烈，样品不能脱离液体，且应注意随时补充试剂，以维持体积恒定，准确沸腾30min。

3）过滤操作：对于蛋白质含量较高的样品不能用滤布作为过滤介质，因为滤布不能保证留下全部细小颗粒，这时可采用滤纸过滤。此外，若样品不能在10min内过滤出来，则应适度减少样品。

4）脂肪含量：样品脱脂不足，将使结果偏高。当样品脂肪含量≥1%时，应预先脱脂。处理方法：取1～2g样品，加入20mL乙醚或石油醚（沸程30～60℃），搅匀后放置，倾倒出上层清液。重复上述操作2～3次，风干后即可测定。

七、实验思考题

1. 用碱性处理法测定粗纤维实验中，哪些因素是影响测定结果的主要因素？

2. 用酸碱处理法测定纤维时，测定结果为什么称为“粗纤维”？

3. 酸碱浓度对测定粗纤维有何影响？

实验2-13　食品中灰分的测定

一、实验目的

1. 掌握食品炭化、灰化的方法。

2. 掌握测定食品粗灰分、水溶性灰分与水不溶性灰分、酸溶性灰分与酸不溶性灰分的方法。

3. 了解食品灰分含量与食品质量的关系、食品组成与灰化条件的关系。

二、实验原理

食品中除了含有大量有机物质外，还含有不等量的矿物质，它们或呈游离态，以可溶性状态存在，或以螯合物状态存在，或与有机物结合。矿物质在生物体内具有重要功能，是构成人体组织的重要材料，能维持细胞和体液的渗透压，维持机体的酸碱平衡，有些矿物质是酶的辅助因子。测定食品中矿物质含量，对评价食品的营养价值和安全性具有重要意义。食品中矿物质营养成分测定主要包括灰分的测定和每种矿物质的含量测定。

当食品组分经高温燃烧时，有机成分彻底氧化分解挥发，而无机成分（主要指无机盐和其氧化物）则残留下来，这些残留物称为灰分。灰分是反映食品中无机成分总量的一项指标。因灰化时有些矿物质易挥发损失（如氯、碘、铅等会挥发散失，硫、磷等能以含氧酸的形式挥发散失），有些矿物质能使无机成分增多（某些金属氧化物会吸收有机物分解产生的二氧化碳形成碳酸盐），使食品的灰分与食品中原来存在的无机成分在数量和组成上并不完全相同，常称为粗灰分（总灰分）。

食品的灰分除粗灰分外，按其溶解性还可分为水溶性灰分和水不溶性灰分、酸溶性灰分和酸不溶性灰分。水溶性灰分主要指钾、钠、钙、镁等氧化物及可溶性盐类等；水不溶性灰分除沙、泥外，还包括铁、铅等金属氧化物和碱土金属的碱式磷酸盐等；酸不溶性灰分大部分为泥沙，包括原来存在于食品组织中的二氧化硅等。

食品组成不同，灼烧条件不同，残留物亦各不相同。

将一定量的样品炭化后放入高温炉内灼烧，有机物质被氧化分解成二氧化碳、氮的氧化物及水等形式逸出，剩下的残留物即为灰分，称量残留物的质量即得到总灰分的含量。在测定总灰分所得残留物中加入去离子水，用无灰滤纸过滤可分开水溶性灰分与水不溶性灰分。在总灰分残留物中加入0.1mol/L盐酸，用无灰滤纸过滤可分开酸溶性灰分与酸不溶性灰分。

三、实验器材

1. 试剂

1∶4盐酸溶液，0.1mol/L盐酸，6mol/L硝酸溶液，去离子水，36%过氧化氢，0.5% $FeCl_3$ 溶液和等量蓝墨水的混合液，辛醇或纯植物油。

2. 器材用具

高温炉（马弗炉）、坩埚、坩埚钳、干燥器、分析天平（感量0.0001g）等。

四、操作步骤

1. 瓷坩埚的准备

将坩埚用1∶4的盐酸煮1～2h，洗净晾干，用 $FeCl_3$ 与蓝墨水混合液在坩埚外壁及盖上写编号，置于高温炉中灼烧0.5～1h，置于干燥器中冷却至室温，称量，反复操作，直至恒重（两次称量质量差不超过0.5mg）。

2. 样品处理

取样量一般以灼烧后得到的灰分量为10～100mg为宜。通常奶粉、大豆粉、鱼类等取1～2g；谷物及其制品、肉及其制品、牛乳等取3～5g；蔬菜及其制品、砂糖、淀粉、蜂蜜、奶油等取5～10g；水果及其制品取20g；油脂取50g。常见几种样品的处理为：果汁、牛奶等液体试样一般在水浴锅上蒸发干后再进行炭化；果蔬、动物组织等含水量较多的试样，一般先制成均匀试样置烘箱中干燥后再进行炭化；谷物、豆类等水分含量少，可直接炭化；富含脂肪的样品需先提取脂肪，再将残留物炭化。

3. 炭化

炭化处理可防止灰化时温度升高使水分急剧蒸发，而导致试样飞溅，也可防止糖类、蛋白质等在高温下的发泡现象。不经炭化而直接灰化，炭粒易被包住，使灰化不完全。炭化一般在电炉或煤气灯上进行，半盖坩埚盖，直至无黑烟产生。对于易膨胀的试样（如含糖多的食品）可先在试样上加数滴辛醇或植物油，再进行炭化。

4. 灰化

将炭化后的坩埚慢慢移入高温炉（500～550℃）中，盖斜倚在坩埚上，灼烧至白烟或灰白无炭粒为止，一般需 2～5h，取出冷却至 200℃左右后，移入干燥器中冷却至室温，准确称量，再灼烧、冷却、称量，直至恒重。

5. 水溶性与水不溶性灰分的测定

在上步测定总灰分所得的残留物中加入 25mL 去离子水，加热至沸腾，用无灰滤纸过滤，再用 25mL 热的去离子水多次洗涤坩埚、滤纸及残渣，将残渣连同滤纸移回原坩埚中，在水浴上蒸发至干涸，放入干燥箱中干燥，再进行灰化、冷却，直至恒重。

6. 酸不溶性和酸溶性灰分的测定

向总灰分中加入 0.1mol/L 盐酸 25mL，以下操作步骤同水溶性灰分的测定。

五、结果计算

$$总灰分含量=\frac{m_3-m_1}{m_2-m_1}\times 100\%$$

式中　m_1——空坩埚质量，g；

m_2——样品加空坩埚质量，g；

m_3——残灰加空坩埚质量，g。

$$水不溶性灰分含量=\frac{m_4-m_1}{m_2-m_1}\times 100\%$$

式中　m_4——水不溶性灰分和坩埚的质量，g；

其他符号的意义同总灰分含量的计算。

$$水溶性灰分含量(\%)=总灰分(\%)-水不溶性灰分(\%)$$

$$酸不溶性灰分含量\frac{m_5-m_1}{m_2-m_1}\times 100\%$$

式中　m_5——酸不溶性灰分和坩埚质量，g；

其他符号的意义与总灰分含量计算相同。

$$酸溶性灰分含量(\%)=总灰分(\%)-酸不溶性灰分含量(\%)$$

六、实验注意事项

1. 试样粉碎力度不宜过细，且样品在坩埚内不要放得很紧密，炭化要缓慢进行，避免样品明火燃烧而导致微粒喷出。只有在炭化完全，即不冒烟后才能放入马弗炉中灼烧。

灼烧空坩埚与灼烧样品的条件应尽量一致，以消除系统误差。

2. 灼烧后的坩埚应冷却到200℃以下再移入干燥器中，否则因过热产生空气对流，易造成残灰飞散；且冷却速度慢，冷却后干燥器内形成较大真空，盖子不易打开。

3. 温度过高强烈灼烧常会引起硅酸盐的熔融，遮盖炭粒表面，使氧气被隔绝而妨碍炭的完全氧化。若遇此情况必须停止灼烧，应冷却坩埚，用几滴热蒸馏水溶解被熔融的灰分，烘干坩埚，重新灼烧。如经此步骤仍得不到良好结果，则应重做试验。

4. 反复灼烧至恒重是判断灰化是否完全的最可靠手段。因为有些样品即使灰化完全，残灰也不一定是白色或灰白色。例如铁含量高的食品，残灰呈褐色；锰、铜含量高的食品，残灰呈蓝绿色。而有时即使残灰的表面呈白色或灰白色，但内部仍有炭粒存留。

5. 灼烧温度不超过600℃，否则会造成钾、钠、氯等易挥发成分的损失。

七、实验思考题

1. 测定食品灰分的意义？

2. 样品在高温灼烧前，为什么要炭化至无烟？

3. 样品经长时间灼烧后，灰分中仍有炭粒遗留的主要原因是什么，如何处理？

4. 含糖分、蛋白质较高的样品，炭化时如何防止其发泡溢出？

5. 对于难挥发的样品可采用什么方法加速炭化？

6. 如何判断样品是否灰化完全？

实验 2-14 蔗糖酶活力的测定

一、实验目的

1. 学习3,5-二硝基水杨酸（DNS试剂）比色定糖的原理和方法。

2. 掌握酶的比活力测定及其计算方法。

3. 掌握分光光度计的使用方法。

二、实验原理

还原糖的测定是糖定量测定的基本方法。还原糖是指含有自由醛基或酮基的糖类。单糖都是还原糖，二糖和多糖不一定是还原糖。其中，乳糖和麦芽糖是还原糖，蔗糖和淀粉是非还原糖。利用糖的溶解度不同，可将植物样品中的单糖、二糖和多糖分别提取出来，对没有还原性的二糖和多糖，可用酸水解法使其降解成有还原性的单糖进行测定，再分别求出样品中还原糖和总糖的含量（还原糖以葡萄糖含量计）。

还原糖在碱性条件下加热被氧化成糖酸及其他产物，而3,5-二硝基水杨酸则被还原为棕红色的3-氨基-5-硝基水杨酸。在一定范围内，还原糖的量与棕红色物质颜色的深浅成正比。利用分光光度计，在540nm波长下测定吸光度值，查对标准曲线并计算，便可求出样品中还原糖和总糖的含量。比活力是以每毫克酶蛋白具有的活力单位数表示。规定：在pH值为4.6、35℃条件下，每分钟能使5%蔗糖溶液水解释放1mg还原糖的酶量定为1个活力单位。

三、实验器材

1. 试剂

3,5-二硝基水杨酸试剂，1mol/L NaOH 溶液，5%蔗糖溶液，1mg/mL 葡萄糖标准液，pH=4.6、0.2mol/L 的乙酸缓冲液。

2. 器材用具

烧杯、搅拌棒、滴管、量筒、移液管、容量瓶、试管、血糖管（或刻度试管）、秒表、恒温水浴槽、电子天平、分光光度计。

3. 试材

酵母蔗糖酶。

四、操作步骤

1. 标准曲线的制作

取 7 支试管编号，按表 2-3 的顺序加入各种试剂。

表 2-3　葡萄糖标准曲线样品配制

项目	0	1	2	3	4	5	6
1mg/mL 葡萄糖液/mL	0	0.2	0.4	0.6	0.8	1.0	1.2
蒸馏水/mL	2.0	1.8	1.6	1.4	1.2	1.0	0.8
DNS 试剂/mL	1.5	1.5	1.5	1.5	1.5	1.5	1.5
蒸馏水	均在沸水浴中加热 5min,立即用流动冷水冷却加水稀释至 25mL,摇匀						
A_{540}							

摇匀后，用空白管（0 号）调零，在 540nm 处测定吸光度值，以葡萄糖含量（mg/mL）为横坐标、A_{540} 值为纵坐标，绘出标准曲线。

2. 蔗糖酶活力的测定

取两支试管分别加入用 pH=4.6、0.2mol/L 的乙酸缓冲液适当稀释过的酶液 2mL，一支中加入 0.5mL 1mol/L 的 NaOH，摇匀，使酶失活（做对照），另一支做测定管。把两支试管和 5%的蔗糖溶液放入 35℃水浴中恒温预热；分别取 2mL 5%的蔗糖溶液加入上述两试管中，并准确计时，3min 后于测定管中加入 0.5mL 1mol/L 的 NaOH，摇匀，使酶失活。

从反应混合物中取出 0.5mL 溶液放入血糖管中，加入 1.5mL 3,5-二硝基水杨酸试剂和 1.5mL 水，摇匀。于沸水浴中准确反应 5min，立即用冷水冷却，加水稀释至 25mL，摇匀，于 540nm 处测定吸光度。

乙醇沉淀前的粗酶液也需要测定酶活力，步骤同上。

五、结果计算

在葡萄糖标准曲线上找到所测定吸光度值对应的葡萄糖含量，按下式计算酶活力：

[E]（IU/mL）=测定管葡萄糖质量（mg）×（4.5/0.5）×酶的稀释倍数/2（mL）×3（min）

总活力：[E] ×V

[Pr]：查标准曲线

总 Pr 量：[Pr] ×V

比活力：[E] / [Pr] 或总活力/总 Pr 量

收率：E_2 活力/E_1 活力

式中　[E]——蔗糖酶活力，IU/mL；

　　V——反应混合物的体积，mL；

　　[Pr]——蛋白质浓度，mg/mL；

　　Pr——蛋白质质量，mg。

六、实验注意事项

1. 工作曲线的使用：不许延长，因为比尔定律只适用于稀溶液中的反应。

2. 测定酶活力时的显色反应：①等沸水浴锅中的水沸腾后再放入试管；②用秒表计时，取出后立即用冷水冷却，加蒸馏水定容至 25mL，摇匀，测定 540nm 处的 A 值。

3. 酶是有生物活性的蛋白质，在整个实验过程中都要注意防止酶失活。

七、实验思考题

1. 写出 3,5-二硝基水杨酸的化学结构式。

2. 分光光度计比色测定的基本原理是什么？操作要点是什么？

3. 比色测定时为什么要设计空白管？

4. 总糖包括哪些化合物？

实验 2-15　EDTA 法测定食品中钙的含量

一、实验目的

掌握用 EDTA 滴定法测定食品中钙含量的原理与方法。

二、实验原理

钙是人体中最重要的矿物质元素之一，参与整个生长、发育过程并与各种有机物结合在一起，体内钙总量的 99%存在于骨骼组织及牙齿中。钙还参与凝血过程和维持毛细血管的正常渗透压，并影响神经肌肉的兴奋性。婴儿、儿童、妊娠期的妇女及哺乳期的妇女都需要大量的钙。

经典的钙测定方法是用草酸铵使钙生成草酸钙沉淀，然后用重量法或容量法测定，例如高锰酸钾滴定法，此法虽有较高的精确度，但须经沉淀、过滤、洗涤等步骤，费时费力，现在较为少用。目前广泛应用的是 EDTA 络合滴定法和原子吸收分光光度法。钙与 EDTA 定量地形成金属络合物，其稳定性大于钙与指示剂所形成的络合物。在 pH 值 12～14 时，可用 EDTA 的盐溶液直接滴定溶液中的 Ca^{2+}，终点指示剂为钙指示剂（R），R 水溶液在 pH>11 时为纯蓝色，可与钙离子结合生成酒红色的 R-Ca^{2+}，其稳定性比 EDTA-Ca^{2+} 小。在滴定过程中，EDTA 首先与游离 Ca^{2+} 结合，接近终点时 EDTA 夺取 R-Ca^{2+} 中的 Ca^{2+}，使溶液从酒红色变成纯蓝色，即为滴定终点。根据 EDTA 的消耗量，即可计算出钙的含量。

反应中 Zn、Co、Cu、Ni 等会发生干扰，可加入 KCN 或 Na_2S 掩蔽，Fe^{3+} 可用柠檬酸钠掩蔽。

三、实验器材

1. 试剂

除特别注明外，实验所用试剂均为分析纯，水为去离子水。

1）常规试剂：HCl、HNO_3、$HClO_4$、KOH、NaCN、柠檬酸钠、氧化镧（La_2O_3，纯度＞99.99%）、EDTA、$CaCO_3$（纯度＞99.99%）。

2）常规溶液：HNO_3-$HClO_4$ 混合酸（4＋1，体积比）、HNO_3 溶液（0.5mol/L）、KOH 溶液（1.25mol/L）、NaCN 溶液（10g/L）、柠檬酸钠溶液（0.05mol/L）。

3）氧化镧溶液（2%）：称取 20g 氧化镧，以 75mL HCl 溶解后，定容至 1000mL。

4）EDTA 溶液：称取 4.50g EDTA，以水溶解，定容至 1000mL，储存于聚乙烯瓶中，于 4℃保存。使用时稀释 10 倍。

5）钙标准溶液（100μg/mL）：称取 0.1248g $CaCO_3$（于 105～110℃烘干 2h），加 20mL 水及 3mL HCl 溶解，移入 500mL 容量瓶中，加水稀释至刻度，储存于聚乙烯瓶中，4℃保存。

6）钙红指示剂：称取 0.1g 钙羧酸指示剂干粉，以水溶解定容至 100mL。4℃储存可保持一个半月以上。

2. 器材用具

可调电炉、微量滴定管、碱式滴定管、消化瓶等。

3. 试材

待测食品，如 2～3 种海带、虾皮、紫菜等，各 250g。

四、操作步骤

1. 样品消化

1）称取海带等待测样品各 1.5g，分别置于 250mL 消化瓶中。

2）加 HNO_3-$HClO_4$ 混合酸 30mL，上盖表面皿，置于电炉上加热（先小火，后大火），消化至溶液无色透明或微带黄色。在消化过程中，如没有消化好，可补加少量混合酸，继续加热消化。

3）加少量去离子水，加热以除去多余酸，待消化瓶中液体接近 2～3mL 时，自然冷却。

4）用去离子水洗涤并转移消化液于 10mL 刻度试管中，加氧化镧溶液定容至刻度。

5）取与消化样品相同量的混合酸消化液，按上述操作进行处理，作为试剂空白。

2. EDTA 滴定度的测定

吸取 0.5mL 钙标准溶液于试管中，加 3 滴钙红指示剂，以稀释 10 倍的 EDTA 溶液滴定至溶液由紫红色变为蓝色为止。根据 EDTA 溶液的用量，计算出每毫升 EDTA 相当于钙的质量（mg），即所谓 EDTA 的滴定度。

3. 试样及空白的滴定

分别吸取 0.1～0.5mL（根据钙的含量而定）试样消化液及空白于试管中，加 1 滴

NaCN 溶液、0.1mL 柠檬酸钠溶液和 1.5mL KOH 溶液，加 3 滴钙红指示剂，立即以稀释 10 倍的 EDTA 溶液滴定至终点（溶液颜色由紫红色变为蓝色），计算 EDTA 溶液的用量。

五、结果计算

按下式计算样品中钙的含量：

$$X=\frac{T(V-V_0)f\times100}{m}$$

式中 X——试样中钙的含量，mg/100g；

T——EDTA 的滴定度，mg/mL；

V——滴定时所用 EDTA 量，mL；

V_0——滴定空白时所用 EDTA 量，mL；

f——试样的稀释倍数；

m——试样的质量，g。

六、实验注意事项

1. NaCN 是剧毒品，取用和处置时必须十分谨慎，采取必要的防护。含 NaCN 的溶液不可酸化。

2. EDTA 络合剂属于氨羧络合剂中的一种，所谓氨羧络合剂是由两个或多个羧酸基接于氨基氮上的络合剂。氨羧络合剂具有广泛而强大的络合能力，能与多种金属离子形成很稳定的络合物。

3. 钙红指示剂，又名钙红、钙指示剂、钙羧酸指示剂等，化学名称为 2-羟基-1-(2-羟基-4-磺酸基-1-萘基偶氮)-3-萘甲酸［2-hydroxy-1-(2-hydroxy-4-sulfo-1-naphthyiazo)-3-naphthoic acid，简称 HSN］，结构式为 $HO_3SC_{10}H_5$（OH）COOH，为紫黑色结晶或粉末，微溶于水和乙醇，易溶于碱性水溶液，不稳定。在中性溶液中呈紫红色，pH 值在 12～14 间呈蓝色，可与 Ca^{2+}、Mg^{2+}、Be^{2+} 等形成紫蓝色或蓝色络合物。由于钙红指示剂的水溶液和醇溶液不稳定，所以也可用硫酸钠或氯化钠固体与指示剂固体按 100∶1 碾磨均匀后直接使用。

七、实验思考题

1. 分别写出钙与钙红指示剂和 EDTA 形成的络合物的结构式。
2. 叙述在样品消化液中加入氧化镧溶液、NaCN 溶液和柠檬酸钠溶液的作用。
3. 如果在配制钙红指示剂时，指示剂溶解性不好，应该如何处理？

实验 2-16 邻二氮菲比色法测定食品中的铁含量

一、实验目的

掌握邻二氮菲比色法测定食品中铁含量的原理与方法。

二、实验原理

铁是人体必需的微量元素，它是人体内血红蛋白和肌红蛋白的组成成分，参与了血液中氧和二氧化碳的运输，缺铁会引起缺铁性贫血。铁也作为酶的成分参与各种代谢，又能促进脂肪氧化，所以人体每日都必须摄入一定量的铁。铁的测定常用邻二氮菲比色法、硫氰酸盐比色法，操作简便、准确。采用原子吸收分光光度法则更为快速、灵敏。

在pH2～9的溶液中，邻二氮菲（也称邻菲罗啉）能与二价铁离子生成稳定的橙红色络合物，在510nm处有最大吸收峰，吸收值与铁的含量成正比。食品样品经消化后，铁以三价形式存在，故显色以前应先加盐酸羟胺，将三价铁还原成二价铁。反应通常在pH5左右的微酸条件下进行。

如有其他金属离子干扰，可加柠檬酸盐或EDTA作掩蔽剂。

三、实验器材

1. 试剂

1）10%盐酸羟胺；

2）浓硫酸；

3）1mol/L盐酸溶液；

4）2%高锰酸钾溶液；

5）10%醋酸钠溶液；

6）$FeSO_4 \cdot 7H_2O$；

7）0.12%邻菲罗啉水溶液（新鲜配制）：称取0.12g邻菲罗啉置于烧杯中，加入60mL水，加热至80℃使之溶解，再移入100mL容量瓶中，加水至刻度，冷却定容，摇匀。

8）铁标准溶液：准确称取0.4979g硫酸亚铁（$FeSO_4 \cdot 7H_2O$）溶于100mL水中，加入5mL浓硫酸微热，溶解后随即逐滴加入2%高锰酸钾溶液，至最后一滴红色不褪色为止，用水定容至1000mL后摇匀，此溶液每毫升含Fe^{3+} 100μg，再用容量瓶稀释10倍，即得标准溶液，此溶液每毫升含Fe^{3+} 10μg。

2. 仪器

分光光度计。

四、操作步骤

1. 样品处理

准确称取待测样品10.0g，干法灰化后，加入2mL（1∶1）盐酸，在水浴锅上蒸干，再加入5mL蒸馏水，加热煮沸后移入100mL容量瓶中，冷却，用水定容后摇匀。

2. 标准曲线绘制

准确吸取上述铁标准溶液（可根据样品铁含量高低确定）0.0、1.0mL、2.0mL、3.0mL、4.0mL、5.0mL，分别置于50mL容量瓶中，加入1mol/L盐酸溶液1mL、10%盐酸羟胺1mL、0.12%邻菲罗啉1mL，然后加入10%醋酸钠5mL，用水稀释至刻度，摇匀，以不加铁的试剂空白液作对照，在510nm波长处，用1cm比色皿测吸光度，绘制标准曲线。

3. **样品测定**

准确吸取样液5～10mL（视铁含量高低而定）于50mL容量瓶中，以下按标准曲线操作，测吸光度，在标准曲线上查得相对应的铁含量（μg）。

五、结果计算

$$铁含量(\mu g/100g)=\frac{C\times V_2}{m\times V_1}\times 100$$

式中 C——从标准曲线上查得测定用样液中铁含量，μg；

V_1——测定用样液体积，mL；

V_2——样液总体积，mL；

m——样品质量，g。

六、实验注意事项

1. 加入10%醋酸钠的目的是调节溶液的pH值至3～5，使二价铁更能与邻菲罗啉定量地络合，发色较为完全。

2. 绘制标准曲线和吸取样液时要根据样品含铁量高低来确定，最好做预备试验。

3. 配制试剂及测定中用水均应为重蒸馏水。

第三章 食品物性测定与感官评定

实验 3-1 pH 对明胶凝胶形成的影响

一、实验目的

1. 掌握凝胶的凝胶时间、透明度、凝胶强度、保水性等凝胶特性的测定方法。
2. 了解 pH 对明胶凝胶形成的影响。

二、实验原理

明胶又称食用明胶，是由动物的皮、骨、软骨、韧带、肌膜等所含的胶原蛋白，经部分水解后得到的高分子多肽聚合物。

明胶是亲水性胶体，具有保护胶体的性质，可作为疏水胶体的稳定剂、乳化剂。明胶属两性电解质，故在水溶液中可将带电微粒凝聚成块，可用作酒类、酒精的澄清剂。明胶还有稳定泡沫的作用，本身也有起泡性，尤其在凝固温度附近时，起泡性更强。另外，明胶还广泛用于各种乳制品，具有抗乳清析出、稳定乳化液、稳定乳泡沫三大功能。

三、实验器材

明胶、NaOH、HCl。

分析天平、AR-100 流变仪、质构仪、离心机。

四、操作步骤

1. 明胶溶液的配制

准确称取 10.0g 明胶样品于烧杯中（共 9 份），在各烧杯中均加入 100mL 蒸馏水，充分溶胀后，用 0.1mol/L NaOH 或 0.1mol/L HCl 将溶液的 pH 值分别调至 3、4、5、6、7、8、9、10、11，用保鲜膜封口，40℃水浴中平衡，备用。

2. 明胶凝胶的制备

准确称取 10.0g 明胶样品于烧杯中（共 9 份），在各烧杯中均加入 100mL 蒸馏水，充分溶胀后，用 0.1mol/L NaOH 或 0.1mol/L HCl 将溶液的 pH 值分别调至 3、4、5、6、7、8、9、10、11，用保鲜膜封口，80℃水浴中加热 40min，取出后在流水中快速冷却，然后在 4℃下静置 24h，测定前自然恢复到室温。

3. **凝胶时间的测定**

采用 AR-100 流变仪测定明胶溶液的动态黏弹性（G'和G''），使用 40mm 的平行板系统，狭缝 1.0mm，振荡频率 1 Hz，应变 5%。

不同 pH 的明胶溶液以 5℃/min 速度从 40℃降温至 5℃，并在 5℃扫描 30min，当G'开始大于G''（即 $\tan\delta=1$）时对应的时间定义为凝胶时间。

4. **透明度的测定**

不同 pH 的明胶溶液保温下测定溶液在 660nm 处的吸光度。

5. **凝胶强度的测定**

不同 pH 的明胶凝胶的凝胶强度利用质构仪测定，采用 TPA 运行模式。推荐测定参数：测前速度 5.0mm/s，测试速度 2.0mm/s，测后速度 5.0mm/s，测定距离 10.0mm（约为凝胶高度的 30%），间隔时间 5s，数据采集速率 200 次/s，探头 p/0.5 圆柱形。

6. **凝胶保水性的测定**

制备好的凝胶经 4000r/min 离心 10min 后，称总重，去除离心出的水分，再称重，计算保水性：

$$\mathrm{WHC}=\frac{W_2-W}{W_1-W}\times 100\%$$

式中　W——离心管质量，g；

W_1——离心前的凝胶质量＋离心管质量，g；

W_2——离心后的凝胶质量＋离心管质量，g。

五、实验结果记录

将实验结果记录于表 3-1。

表 3-1　pH 对明胶凝胶形成的影响

pH	凝胶时间	透明度	凝胶强度	保水性
3				
4				
5				
6				
7				
8				
9				
10				
11				

六、实验思考题

1. 明胶溶液的凝胶时间与透明度反映凝胶的什么功能特性？

2. 不同 pH 影响明胶凝胶的凝胶强度和保水性的原因是什么？

实验 3-2　红曲色素色价的测定

一、实验目的

1. 掌握红曲色素色价测定方法。

2. 了解提取红曲色素的方法。

二、实验原理

色素色价是任何一种食用色素的重要理化指标之一。不同品种的色素，因其颜色不同，其最大吸收波长也不同。红曲色素是一种由红曲霉菌接种在大米上固体发酵培养或以大米、大豆为主料的液体发酵培养制得的一种红色素，在食品工业用作着色剂。采用适当浓度的乙醇（70%～80%）从红曲米中可以提取红曲色素，该色素在 505nm 处有最大吸收峰，可用分光光度法在该波长下进行测定。

红曲色素色价的定义：1g 样品在 60℃水浴 2h 后的醇溶色素，在 505nm 处的吸光值。

三、实验器材

1. 试剂

70%乙醇溶液。

2. 器材用具

分光光度计、料理机、水浴锅、容量瓶等。

3. 试材

红曲米。

四、操作步骤

1、样品提取

准确称取已粉碎样品 0.2g（准确至 0.001g），用 70%乙醇溶液溶解并将其转入 100mL 容量瓶中，定容至刻度，摇匀后置于 60℃水浴锅保温浸泡 1h，取出冷却后用 70%乙醇重新定容至刻度，混匀。用滤纸过滤，将滤液收集于具塞比色管，备用。

2. 吸光值测定

准确吸取上述滤液 2.0～5.0mL 于 50mL 容量瓶中（使最终稀释液吸光值落在 0.3～0.6 范围内），用 70%乙醇稀释定容至 50mL，摇匀，用 1cm 比色皿，于 505nm 以 70%乙醇溶液为参比，测定其吸光度 A。

五、结果计算

$$X = A \times \frac{100}{m} \times \frac{50}{V}$$

式中　X——样品色价，u/g；

　　　A——样品的吸光度；

m——样品的质量，g；

V——吸取滤液的体积，mL。

六、实验注意事项

1. 红曲米发酵后期，若红色素产生量多，可稀释后测定，控制样品浓度在1%左右，使吸光度在0.3～0.7之间为宜。

2. 本实验参照国标GB4926—2008。

七、实验思考题

1. 在样品萃取过程中，萃取后的样品中仍带有红色，是否对结果产生影响？

2. 实际测量时如何选择适当的稀释倍数？

实验3-3 豆类淀粉和薯类淀粉的老化——粉丝的制备与质量的感官评价

一、实验目的

掌握感官评价粉丝质量的方法，了解淀粉老化在粉丝制作中的作用。

二、实验原理

淀粉加入适量水，加热搅拌糊化成淀粉糊（α-淀粉），冷却或冷冻后，会变得不透明甚至凝结而沉淀，这种现象称为淀粉的老化。将淀粉拌水制成糊状物，用悬垂法或挤出法成型，然后在沸水中煮沸片刻，令其糊化，捞出水冷（老化），干燥即得粉丝。粉丝的生产就是利用淀粉老化这一特性。至今，对粉丝的物性测定暂无标准方法，也尚无统一的质量标准，一般是采用感官的方法评价粉丝外观，诸如颜色、气味、光泽、透明度、粗细度、咬劲、耐煮性等。消费者要求粉丝晶莹洁白、透明光亮、耐煮有筋道、价格低廉。

三、实验器材

1. 试材

绿豆粉或马铃薯和甘薯淀粉（1∶1）或玉米和绿豆淀粉（7∶3）。

2. 器材用具

7～9mm孔径的多孔容器或分析筛。

四、操作步骤

1. 粉丝制备

将10g绿豆粉加入适量开水使其糊化，然后再加90g生绿豆淀粉，搅拌均匀至无块，不沾手，再用底部有7～9mm孔径的多孔容器（或分析筛）将淀粉糊状物漏入沸水锅中，煮沸 3min，使其糊化，捞出水冷 10min（或捞出置于－20℃冰箱中冷冻处理）。再捞出置于搪瓷盘中，于烘箱中干燥，即得粉丝。

2. **粉丝质量感官评价**

将实验制得的粉丝，任意选出 5 个产品，编号为 1、2、3、4、5，用加权平均法对 5 个产品进行感官质量评价，填于表 3-2 中，计算排列名次。

表 3-2　粉丝的品质得分

项目 \ 样品	颜色	气味	光泽	透明度	粗细度	咬劲	耐煮性	评价
得分	10 分	10 分	10 分	20 分	10 分	20 分	20 分	100 分
1								
2								
3								
4								
5								

评价地点：　　　　　　　　　　评价姓名：

五、实验思考题

1. 通过本实验，你认为可以采取哪些措施提高粉丝的质量？（从咬劲、耐煮性、透明度三个方面加以分析）

2. 通过本实验，再结合食品化学的知识，请谈谈木薯淀粉的老化机理，以及在制备粉丝的过程中该如何充分利用其老化的特性？

实验 3-4　基本味觉辨别实验

一、实验目的

1. 初步了解感官检验的有关知识。
2. 掌握四种基本味酸、甜、苦、咸的代表物质的特征。
3. 熟悉味觉辨别实验的准备步骤与辨别方法。
4. 掌握基本味阈值的测定方法。

二、实验内容

（一）基本味觉试验

1. **实验原理**

酸、甜、苦、咸为基本味觉，柠檬酸、蔗糖、硫酸奎宁、氯化钠分别为基本味觉的呈味物质。基本味和色彩中的三原色相似，它们以不同的浓度和比例组合就可形成自然界千差万别的各种味觉。通过对这些基本味觉识别的训练可提高感官鉴评能力。

2. 实验器材

1）试剂

（1）蔗糖溶液（母液 A：20g/100mL）：称取 50g 蔗糖，溶解并定容至 250mL。使用时分别移取 20mL、30mL 母液 A，稀释并定容至 1000mL，配成质量浓度分别为 0.4g/100mL、0.6g/100mL 的 2 种试液。

（2）NaCl 溶液（母液 B：10g/100mL）：称取 25g NaCl，溶解并定容至 250mL。使用时分别移取 8mL、15mL 母液 B，稀释并定容至 1000mL，配成质量浓度分别为 0.08g/100mL、0.15g/100mL 的 2 种试液。

（3）柠檬酸溶液（母液 C：1g/100mL）：称取 2.5g 柠檬酸，溶解并定容至 250mL。使用时分别移取 20mL、30mL、40mL 母液 C，稀释并定容至 1000mL，配成质量浓度分别为 0.02g/100mL、0.03g/100mL、0.04g/100mL 的 3 种试液。

（4）硫酸奎宁溶液（母液 D：0.02g/100mL）：称取 0.05g 硫酸奎宁，在水浴中加热（70～80℃），溶解并定容至 250mL。使用时分别移取 2.5mL、10mL、20mL、40mL 母液 D，稀释并定容至 1000mL，配成质量浓度分别为 0.00005g/100mL、0.0002g/100mL、0.0004g/100mL、0.0008g/100mL 的 4 种试液。

2）器材用具

容量瓶（250mL 4 个，1000mL 11 个）、烧杯（100mL 12 个，500mL 1 个）、移液管（5mL、10mL、20mL、25mL）、量筒、电子天平、白磁盘、温度计、电脑。

3. 操作步骤

1）在白磁盘中，放 12 个已编号的小烧杯，各盛有约 30mL 不同质量浓度的基本味觉试液（其中 1 杯盛水），试液以随机顺序用三位数从左到右编号排列。

2）先用清水（约 40℃）漱口，再取第一个小烧杯，喝一小口试液含于口中（勿咽下），使试液充分接触整个舌头，仔细辨别味道，吐出试液，用清水漱口。记录小烧杯的编号和味觉判断。按照一定的顺序（从左到右）对每一种试液（包括水）进行品尝，并做出味道判断。更换一批试液，重复以上操作。

4. 结果记录

当试液的味道低于你的分辨能力时以"0"表示，例如水；当你对试液的味道犹豫不决时，以"?"表示；当你肯定你的味道判别时，以"甜、酸、咸、苦"表示。味觉试验记录见表 3-3。

表 3-3　味觉试验记录

姓名________　　　　日期________

序号	第一次试验		第二次试验	
	试液编号	味觉	试液编号	味觉
1	505	苦		
2	811	0		
3	939	酸		
4	567	咸		
⋮	⋮	⋮		
12	126	?		

（二）一种基本味觉的味阈试验

1. 实验原理

品尝一系列同一物质（基本味觉物）但浓度不同的水溶液，可以确定该物质的味阈，即辨出该物质味道的最低浓度。

1）察觉味阈：该浓度的味感只是和水稍有不同而已，但物质的味道尚不明显。

2）识别味阈：指能够明确辨别该物质味道的最低浓度。

3）极限味阈：指超过此浓度溶质再增加时味感也无变化。

以上 3 种味阈值的大小，取决于鉴定者对试样味道的敏感程度。所以味阈值可以通过品尝由低浓度至高浓度的某种味觉物溶液来确定，本实验中采用质量浓度。

2. 实验器材

1）试剂

（1）氯化钠母液：称取氯化钠 25g，溶解并定容至 250mL，质量浓度为 10g/100mL。

（2）稀释母液，配成一系列质量浓度的试液：分别移取氯化钠母液 0.0、1.0mL、2.0mL、3.0mL、4.0mL、5.0mL、6.0mL、7.0mL、8.0mL、9.0mL、10.0mL、11.0mL 稀释并定容至 500mL，配成质量浓度为 0.00、0.02g/100mL、0.04g/100mL、0.06g/100mL、0.08g/100mL、0.10g/100mL、0.12g/100mL、0.14g/100mL、0.16g/100mL、0.18g/100mL、0.20g/100mL、0.22g/100mL 的系列试液。

2）器材用具

容量瓶（250mL 1 个；500mL 12 个）、烧杯（500mL 1 个；100mL 12 个）、移液管（10mL、20mL、25mL 各 1 支）、电子天平、白磁盘。

3. 操作步骤

1）在白磁盘中放 12 个已编号的小烧杯，内盛一系列氯化钠试液（约 30mL）。从左到右浓度由小到大顺序排列，并随机以三位数给试液编号。

2）先用清水漱口（约 40℃），然后喝一小口试液含于口中，活动口腔，使试液接触整个舌头和上颚，从左到右品尝试液。仔细体会味觉，对试液的味道进行描述并记录味觉强度。

4. 结果记录

1）用 0、?、1、2、3、4、5 来表达味觉强度。

0：无味感或味道如水；

?：不同于水，但不能明确辨出某种味觉（察觉味阈）；

1：开始有味感，但很弱（识别味阈）；

2：有比较弱的味感；

3：有明显的味感；

4：有比较强的味感；

5：有很强烈的味感。

2）味阈试验记录见表 3-4。

表 3-4　味阈试验记录

姓名________　　　　　　　　　　　　　　　　　　　　　　　　日期________

序号	试样编号	味觉	强度
1	234	0	0
2	321	?	?
3	503	咸	1
4	396	咸	4
⋮	⋮	⋮	⋮
12	146	咸	5

根据记录和所提供的试样溶液的质量浓度，测出自己的察觉阈和识别阈。

5. 实验注意事项

1）试液用数字编号时，最好从随机数表上选择三位数的随机数字，也可用拉丁字母或字母和数字相结合的方式对试样进行编号。

2）试验中所有玻璃器皿都必须从未装过任何化学试剂，并预先用清水洗涤，不能用其他液体洗涤，如肥皂液等。

3）试验中的水质非常重要，蒸馏水、去离子水都不令人满意。蒸馏水会引起苦味感觉，去离子水对某些人会引起甜味感，所以一般方法是将新鲜自来水煮沸 10min（用无盖锅），然后冷却即可。

4）每次品尝后，用清水漱口，等待 1min 再品尝下一个试样。

6. 实验思考题

影响味阈测定的因素有哪些？如何减少干扰因素？

实验 3-5　嗅觉辨别实验

一、实验目的

1. 了解典型气味的基本特征。
2. 掌握不同嗅觉辨别技术。

二、实验器材

水；乙醇（95%）；各种气味食品或香精；专用棕色玻璃瓶（20～125mL）；试管；嗅条等。

三、实验前的准备

1. 样品颜色的掩蔽

进行香气辨别时，消除样品外观差异极其重要。为此要求对样品颜色加以掩蔽。样品颜色掩蔽可采用以下几种方法。

1）选用有色灯光，其中以红光效果最佳。

2）在半黑暗光线下进行评定。

3）样品统一着色。

4）使用有色杯子或暗蓝的 ATL 玻璃杯。但采用此方法时，应避免用匙子将样品取出玻璃杯辨别。

有些评审员辨别香气时，对视觉的依赖性较大。对于这样的人员，应多注意进行一些专门的训练，如捂住眼睛或伪装样品等。起初可能会不知所措，但经过反复训练，将会得心应手，并且记忆的香气量也会与日俱增。

2. 稀释效应

未稀释的天然产物或调配很好的风味混合物，会给人风味（香气）协调一致的感觉。例如桃、杏、苹果等水果合成香料等。反之，单一的内酯、乙烯醇或单一香料，感觉却完全不同。

假如用水稀释香精或食物，香精或食物的协调性立即被破坏，但却有利于学生去剖析或寻找某些风味组分，这种现象称为稀释效应。它已被广泛应用于天然成分或产品风味组分的确定，它也用来分析产品中被掩盖的异味，如饼干中被甜味掩蔽的酸败气味，在香肠中被盐和香料掩蔽的腐败和脂肪酸臭味等。

香气越和谐，稀释时原有的风味越不容易破坏。反之，风味越不和谐，稀释时原有的风味越容易被破坏。例如，利用这种技术很容易发现苹果汁中额外添加的水果成分，或发现贮藏过程中产生的异常特征，以及由于包装材料引起的异常特征等。当然，在稀释过程中，特殊香气组分的丢失也会偶然发生。

3. 样品的选择和制备

10～15 个香精、具有典型香气特征的食品。

四、操作步骤

1. 气味评定的方法

1）嗅技术：人的嗅觉敏感区很小，位于鼻腔上方，正常呼吸时仅有极少量的空气通过这一区域。所以辨别气味时需要采用以下方法：头部稍微低下，鼻子靠近被嗅物质迅速吸气，收缩鼻孔，让气味自下而上地进入鼻腔，气流在鼻道内产生涡流，气味分子与嗅膜的接触机会增加，从而增强了味感，这种技术称为嗅技术。

2）斯克拉姆利克试验（Von Skramilik test）：先捏住鼻子张开嘴，并通过嘴呼吸，将盛有气味物质的瓶口接近嘴唇（但不接触），使劲呼吸一口气，把瓶子迅速移开，松开鼻子，闭上嘴，通过鼻子吸气（嘴仍闭着），由于鼻腔与口腔的复合作业，使气味的感觉很明显。若想达到上述试验效果，需要大量实践练习。

3）尝气味：对于味觉比嗅觉更灵敏的评员，允许通过品尝样品稀释液来感觉各种气味。使用这种方法的理论依据是：物质在嘴内受热后，气味分子挥发，并通过扩散作用由鼻孔到达嗅觉细胞区域，从而被感觉到。

具体方法是：距嗅感器官 20cm 处，放一个盛样杯。移开铝箔盖，此时要求不能窥视，也不能闻样品。阻塞鼻孔后，将一茶匙样品送入口中，张开嘴咀嚼吞咽样品，并分析样品香气，此时仅有“甜”的感觉。

以后的操作要迅速完成，即放开鼻孔的同时立即闭上嘴。到此为止，你会体会到尝和闻香气的区别（评员可记录或讲出他们理解的结果）。

4）咂咂——特殊的评定技术：吞咽太多样品对健康不利。因此，建立和发展了一种特殊的评定技术，即被咖啡和茶叶品评员称为的“咂咂”技术，它有较好地替代“尝气味”的方法。吞咽时，食物中的香气成分经过后鼻孔被推入嗅觉区，咂咂的目的是代替并实现这个过程。

5）稀释技术：对于疼痛较敏感的人，检测具有刺激性气味的物质时，常常会遇到困难，以至于无法接受这种物质的气味。在这种情况下，可以应用稀释技术进行评定，即：将一滴样品加到50mL水中，若仍强烈刺激感官，可再稀释至100mL；反之，若气味感觉太弱，可减少稀释至25mL。

2. 味觉辨别方法

嗅觉辨别时，最好使用嗅条来提供样品。当评员接触到样品过后，取出嗅条立即闻气味。只有遇到气味较弱的样品才采用嗅技术。建议对每种样品要同时进行斯克拉姆利克试验，以便更好地理解气味。

3. 嗅觉疲劳

在评定过程中，嗅技术并不能随意应用。因为有些气味分析具有刺激性或刺痛性，若使用嗅技术会产生一定的伤害，另外，对同一样品，若嗅三次以上，可能就会引起疲劳或适应性变化（敏感性降低）。因此要求对每种样品开始检测时，最好用心地闻（而不是嗅），当确实不能理解气味时才改用嗅，但最多不能超过三次。

嗅觉疲劳发生后，恢复非常困难，因此要尽量避免出现嗅觉疲劳现象。有时采用以下做法会有效：品尝样品量在允许情况下，要尽量少；被检样品之间组合搭配要合适，因为连续闻相同的单一的样品很容易产生疲劳。最好改用不断变化的气味样品的方法来防止疲劳产生。例如，闻甜味样品后（香草醛），再换成闻果香味样品（柠檬油）或反过来。

4. 评定表格

气味辨别表格见表3-5所示。

表3-5　气味辨别表

姓名________　　　　日期________

请试辨别烧杯内的样品或药片管内嗅条的气味，并将结果写在表格右栏内（气味辨别）。若不能辨别这种气味，也请努力去描述它，并填写在中间栏（气味描述）

假如你能很快地辨别出这种气味，并且也能正确地形容它，那么说明你已具备很好的气味评定基础

样品号	气味描述	气味辨别

五、结果的公布与讨论

熟悉所评定气味的性质并记住典型气味特征，完成实验评定表，并对各气味样品进行比较、体会，完成实验报告。

六、实验注意事项

1. 实验室必须要有足够的换气设备，以 1min 内可换室内容积 2 倍量空气的换气能力最好。

2. 将瓶和瓶盖进行编号，将适量的已制备的物质置于已编号的瓶中，并注意在瓶的顶部留有足够的空间。

实验 3-6　三点检验法

一、实验目的

掌握三点检验法的原理与方法。

二、实验原理

三点检验法是差别检验中最常用的检验方法。三点检验法是一种专门的方法，可用于两种产品样品间的差异分析，也可用于挑选和培训评员。同时提供三个编码样品，其中两个样品相同，要求评员选出其中不同于其他两个样品的检验方法叫三点检验法。具体来讲，首先就是要进行三次配对比较：A 与 C，A 与 B，B 与 C，然后指出哪两个样品是同一种样品。

三、实验器材

两种饮料；饮水杯；评定杯等。

四、操作步骤

1. 样品准备

两种饮料（A、B）若干份，每 3 份为一组，其中 2 份相同，1 份不同。这 2 种饮料可能组合式 ABB、BAA、AAB、BBA、ABA、BAB，要求每种组合被评定的机会相等。

2. 样品呈出

将一组样品呈送给学生，并告知学生其中两个样品是一样的，另外一个样品与这两个样品不一样，请学生通过品尝找出不同的那一个样品。如果找不出，猜也要猜一个。

3. 评定

按照表 3-6 进行评定。

表 3-6　三点检验评定表

评定产品________

姓名________　　　　　　　　　　　　　　　　　　　　　　　　　　　　　　日期________

你收到一组或几组样品。每组样品中有 3 个样品，其中两个相同，一个不同，圈出不同的那个样品的号码，允许重复品尝，但不能没有答案

样品号			结果	
			正确	错误

五、结果分析

统计做出正确选择的人数，对照三点评定正确回答的临界值表得出结论。

第四章 食品功能成分分析与评价

实验 4-1 大豆低聚糖中水苏糖和棉子糖的检测

一、实验目的

掌握高效液相色谱法检测大豆低聚糖中水苏糖和棉子糖含量的方法。了解保健品中大豆低聚糖的质量要求。

二、实验原理

大豆低聚糖的主要成分为水苏糖、棉子糖和蔗糖，其中水苏糖和棉子糖为有效成分。样品经 80%乙醇溶解后，经 0.45μm 滤膜过滤，采用反相键合相色谱测定。根据色谱峰保留时间定性，峰面积或峰高定量，可检测大豆低聚糖中水苏糖和棉子糖各自的含量。

三、实验器材

1. 试剂

符合 GB/T 6682 一级水要求的水、乙腈、80%乙醇溶液。

标准溶液：分别称取水苏糖和棉子糖标准品（含量≥98%）各 1.000g 置于 100mL 容量瓶中，用 80%乙醇溶液溶解并定容，摇匀。每毫升溶液分别含水苏糖、棉子糖 10mg。经 0.45μm 滤膜过滤，滤液供 HPLC 用。

2. 仪器

高效液相色谱仪：带示差折光检测器（RID）；万分之一电子天平。

四、操作步骤

1. 样品处理

称取样品约 1g，精确到 0.001g，加 80%乙醇溶解并定容到 100mL，混匀，经 0.45μm 滤膜过滤，滤液供 HPLC 用。

2. 色谱条件

色谱柱：Kromasil 100 氨基柱，25cm×4.6mm；流动相：乙腈-水（体积比 8∶2）；检测器：示差折光检测器（RID）；流速：1.0mL/min；色谱柱温度：30℃；检测器温度：30℃；进样量：10μL。

3. **标准曲线**

分别吸取标准溶液 1μL、2μL、3μL、4μL、5μL（相当于水苏糖和棉子糖质量各为 10μg、20μg、30μg、40μg、50μg）注入高效液相色谱仪，测定各组分色谱峰面积（或峰高），以标准糖质量相对应的峰面积（或峰高）作图，绘制标准曲线或求出回归方程。

4. **样品测定**

在相同的色谱分析条件下，吸取 10μL 试样溶液，进行 HPLC 分析，测定各组分色谱峰面积（或峰高），从标准曲线求出测定液中水苏糖和棉子糖各自的含量。

五、结果计算

水苏糖和棉子糖的含量按下式计算，结果保留 2 位有效数字。

$$X=\frac{m_1\times V}{V_1\times m\times 1000}$$

式中 X——试样中水苏糖（或棉子糖）的含量，g/kg；

m_1——试样中水苏糖（或棉子糖）的质量（由标准曲线求得），μg；

m——试样质量，g；

V_1——试样的进样体积，μL；

V——试样溶液总体积，μL。

六、实验注意事项

1. 本法对棉子糖、水苏糖的检出限为 1.0g/kg。

2. 用 HPLC 分离低聚糖，使用较多的是氨基柱。在使用氨基柱分离糖时，一些还原糖容易与固定性的氨基发生化学反应，产生席夫碱，因此氨基柱的使用寿命短，并且要使用纯度高的乙腈。

3. 使用氨基柱需要较长的系统平衡时间，一般要 5h 以上。

七、实验思考题

1. 如果改变流动相中乙腈和水的体积比，会出现什么情况？

2. 如果不使用氨基柱，还可以使用什么柱子对低聚糖进行分离检测？

实验 4-2 食品中游离赖氨酸含量的测定

一、实验目的

掌握用分光光度法测定食品中游离赖氨酸含量的原理与方法。

二、实验原理

用铜离子阻碍游离氨基酸的 α-氨基，使赖氨酸的 ε-氨基可自由地与 1-氟-2,4-二硝基苯（FDNB）反应，生成 ε-DNP-赖氨酸。经酸化和用二乙基醚提取，在波长 390nm 处有吸收峰，从而求出样品中游离赖氨酸的含量。

三、实验器材

1. 试剂

1）氯化铜溶液：称取 28.0g 无水氯化铜，加水溶解并定容至 1000mL。

2）磷酸三钠溶液：称取 68.5g 无水磷酸钠，用水溶解并定容至 1000mL。

3）硼酸盐缓冲液，pH＝9.1～9.2：称取 54.64g 带 10 个结晶水的四硼酸钠，用水溶解并定容至 1000mL。

4）磷酸铜悬浮液：搅拌下将 200mL 氯化铜缓慢加入 400mL 磷酸三钠溶液中，将所得的悬浮液离心 5min（2000r/min），用硼酸盐缓冲液再悬浮沉淀，洗涤离心 3 次，把最后的沉淀悬浮在硼酸盐缓冲液中，并用缓冲液稀释至 1 L。

5）1-氟-2,4-二硝基苯（FDNB）溶液：吸取 FDNB 10mL，用甲醇稀释至 100mL。

6）赖氨酸-HCl 标准溶液：称取一定量赖氨酸-HCl，配制成 200mg/L 的标准溶液。

7）丙酮酸溶液：100g/L。

2. 仪器

分光光度计，1cm 的石英比色皿，离心机，水浴锅。

四、操作步骤

1. 称取过 40 目筛的均匀试样 1.00g，置于 100mL 烧瓶中。另吸取赖氨酸-HCl 标准溶液 5mL（相当于 1mg 赖氨酸-HCl），连同试剂空白同时进行试验。

2. 向各烧瓶中加入 25mL 磷酸铜悬浮液，再加 10%丙氨酸 1.0mL 振摇 15min，再加入 10% FDNB 溶液 0.5mL，然后将烧瓶置沸水浴中加热 15min。

3. 取出烧瓶，马上加入 1mol/L 的 HCl 溶液 25mL，并不断摇动使之酸化和分散均匀。

4. 令烧瓶中的溶液冷却至室温，用水稀释至 100mL，取约 40mL 悬浮液离心；用 25mL 二乙基醚提取上清液 3 次，除去醚，并将溶液收集于刻度试管中，于 65℃水浴中加热 15min，除去残留的醚，记录溶液的体积。

5. 吸取上述各处理液 10mL，分别与 95%乙醇溶液 10mL 混合，用滤纸过滤。

6. 用试剂空白调零，测定样液 A_{390}，与赖氨酸-HCl 标准溶液对照，求出样品中赖氨酸-HCl 的含量。

五、结果计算

样品中赖氨酸-HCl 的含量按下式计算：

$$X=\frac{A_{390}^{样品}-A_{390}^{空白}}{A_{390}^{标准}-A_{390}^{空白}}\times\frac{c_S}{m}$$

式中 X——样品中赖氨酸-HCl 的含量，mg/mL 或 mg/kg；

c_S——赖氨酸-HCl 标准溶液的浓度，mg/L；

m——试样的体积或质量，mL 或 g。

六、实验注意事项

1. 本法在 0～40mg/L 赖氨酸含量范围内呈良好线性关系。

2. 必要时同时进行试剂空白试验，并做平行试验。

3. 加入磷酸铜悬浮液后的振摇要充分。

七、实验思考题

1. 实验中添加丙氨酸的目的是什么？

2. 为什么要使用二乙基醚提取酸化后的溶液？改用其他溶剂可以吗？

实验 4-3 海水鱼中功能性油脂成分 EPA 和 DHA 的检测

一、实验目的

1. 掌握鱼油的提取、皂化和甲酯化操作技术。

2. 掌握用气相色谱法分析海洋鱼油中 EPA 和 DHA 的原理与方法。

二、实验原理

抽提出样品内的脂肪，经甲酯化反应后，以气相色谱、火焰离子化检测器定量测定样品中的 DHA 和 EPA 含量。

三、实验器材

1. 试剂

氯仿-甲醇（2∶10）、生理盐水（8g/L）、三氟化硼-甲醇溶液（150g/L）、氢氧化钾的甲醇溶液（0.5mol/L，2.8g 氢氧化钾溶于 100mL 甲醇中）、正己烷（分析纯，重蒸）、无水硫酸钠。

2. 仪器

气相色谱仪，具 FID 检测器。

四、操作步骤

1. 脂肪的提取

鱼体用蒸馏水冲洗干净，晾干，去除骨骼，捣碎匀浆，称取 5.0g 置锥形瓶中，加入 50mL 氯仿-甲醇混合液，振荡，静置浸提 24h，混合物过滤入 125mL 分液漏斗，用 10mL 氯仿-甲醇混合液洗涤，移去滤纸，往漏斗内加入 12mL 生理盐水，振荡，静置澄清，收集下层澄清液，蒸发至溶液清亮，得到鱼油。

2. 样品的甲酯化

将约 0.5g 鱼油置于 10mL 具塞比色管中，加入 5mL 0.5mol/L 氢氧化钾的甲醇溶液，在 65℃水浴 30min，直至油滴消失；加入 15%三氟化硼-甲醇溶液 2mL，振摇 5min，冷却至室温，加入 5mL 正己烷，振摇 2min，用滴管吸出有机层（约 5mL），移至另一装有无水硫酸钠的漏斗中振摇 1min 脱水，静置分层，吸取上清液用于气相色谱分析。

3. 测定

1) 色谱条件　色谱柱：FFAP 石英毛细管柱，60 m×0.25mm×0.25μm。进样口温度：270℃；检测器（FID）温度：280℃。色谱柱升温程序：130℃保存 1min；130～170℃，升温速率 6.5℃/min；170～215℃，升温速率 2.75℃/min；215℃，保持 12min；215～230℃，升温速率 4℃/min；230℃，保持 3min，检测结束。

氮气：500 kPa；空气：50 kPa；氢气：50 kPa；尾吹：200 kPa。进样方式：分流方式进样，分流比 50∶1，进样量 1μL。

2) 上机测定　吸取经甲酯化的样液 1.0μL 进样，在上述色谱条件下测定试样的响应值（峰高或峰面积），以保留时间定性，归一化法定量。

五、结果计算

将色谱峰与 GB/T 22223—2008 附录 B 中的质谱图的保留时间进行对照定性；用归一化法进行定量计算，求得 EPA 和 DHA 在总脂肪酸中的相对百分含量。

六、实验注意事项

1. 样品脂肪酸的提取可用酸水解法、氯仿-甲醇法、超声波萃取法、索氏提取法等。对水产品样品脂肪的提取建议采用氯仿-甲醇法。

2. 鱼油甲酯化过程中，有条件的实验室，可采用氮气保护来防止 DHA 双键的变化。

3. 标准质谱图可采用 GB/T 22223—2008 附录 B 中的脂肪酸甲酯保留时间，其中 EPA、DHA 的保留时间为 44.869min、46.089min，相对保留时间为 4.74min、4.87min。

七、实验思考题

1. 采用不同的脂肪酸提取方法对脂肪酸的测定有什么影响？

2. 脂肪酸甲酯化的方法有哪些？

3. 本实验采用归一化方法定量。如果采用内标法或外标法，则哪种方法的计算结果更准确？请说明理由。

实验 4-4　HPLC 法测定 β-胡萝卜素的含量

一、实验目的

掌握高效液相色谱法定性、定量 β-胡萝卜素的原理与方法。

二、实验原理

β-胡萝卜素为脂溶性维生素 A 的前体，存在各种动植物体中，所以可直接用有机溶剂提取后进行检测。利用反相色谱法分析。

三、实验器材

1. 试剂

正己烷、甲醇、无水硫酸钠、乙酸乙酯、BHT（叔丁基羟基甲苯）（以上均为分析纯试剂)、氮气。

20%氢氧化钾的甲醇溶液：称 20g 氢氧化钾溶于 100mL 甲醇溶液中。

β-胡萝卜素标准液：准确称取标样 5.000mg，乙酸乙酯溶解并定容 50mL。冰箱中保存，上机前再稀释 50 倍。

2. 器材用具

高效液相色谱仪、记录仪或积分仪、分析天平、组织捣碎机、研钵、抽滤瓶、布氏漏斗、分液漏斗（250mL 2 个)、容量瓶（100mL)、漏斗、移液管（2mL)、小试管、滤纸等。

3. 试材

胡萝卜、绿色蔬菜等。

四、操作步骤

1. 样品处理

取样品的可食部分洗净切碎，置组织捣碎机中捣碎成浆状，于天平上称 5～10g 样品，放入研钵中，同时加少量甲醇、己烷研磨，然后倒入布氏漏斗抽滤，并不断用甲醇、己烷冲洗研钵及残渣，直至残渣为白色。将含有样品的溶液倒入事先装有 50mL 己烷的分液漏斗中，用蒸馏水冲洗抽滤瓶 2～3 次，洗液并入分液漏斗，振摇分液漏斗后静止分层，将下层溶液放入装有 30mL 正己烷的另一分液漏斗中，向第一分液漏斗中加 10mL 20%氢氧化钾的甲醇溶液，振摇后分层，上层为黄色溶液。将下层放入另一分液漏斗中，处理同上。合并两次正己烷提取液，用蒸馏水洗至中性，pH 试纸测试为 6 左右，然后用无水硫酸钠脱水，提取液转移到 100mL 棕色容量瓶中，加 0.1g BHT，并用正己烷冲洗分液漏斗数次，最后定容至刻度。

上机前取 1～2mL 提取液于小试管中，氮气吹干，用 1.0mL 乙酸乙酯溶解后上机。

2. 色谱条件

色谱柱：μ-Bondapak C_{18}（300mm×3.9mm)；流动相：100%甲醇；流速：1.2mL/min；检测器：可见光 450nm；衰减：0.08 AT；纸速：0.4cm/min；柱温：室温；进样量：20μL。

五、结果计算

根据标准样品的保留时间定性，根据标准的峰高或峰面积与样品峰的比较而定量。

六、实验注意事项

β-胡萝卜素遇光和氧都会迅速破坏，所以样品应避光保存，所有标准 β-胡萝卜素必须临时配制。

实验 4-5　植物组织中总黄酮类化合物含量的测定

一、实验目的

掌握分光光度法测定样品中总黄酮含量的原理与方法。

二、实验原理

许多高等植物的组织中含有丰富的黄酮类化合物。总黄酮类化合物的测定主要利用它们可溶于甲醇而不溶于乙醚，以乙醚去除植物材料中的脂溶性杂质，再用甲醇提取植物组织中黄酮类化合物。黄酮类化合物与铝离子可生成有色络合物，该络合物在500nm波长下有强的光吸收，吸收强度与络合物浓度成正比。

三、实验器材

1. 试剂

甲醇、5%亚硝酸钠溶液、10%硝酸铝溶液、4%氢氧化钠溶液、乙醚、总黄酮类化合物标准物（如芦丁、维生素P等，本实验选用维生素P）。

2. 仪器

紫外-可见分光光度计、索氏提取器等。

四、操作步骤

1. 标准曲线的绘制

准确称取在120℃、0.06 MPa条件下干燥至恒重的黄酮标准品（维生素P）200mg置于100mL容量瓶中，加入少许甲醇，在通风橱中略加热溶解，冷却后用甲醇定容、混匀。取10mL此溶液置于100mL容量瓶中，用蒸馏水定容、混匀。

取上述水稀释液0.0、1.0mL、2.0mL、3.0mL、4.0mL、5.0mL、6.0mL分别置于25mL容量瓶中。各加入5%亚硝酸钠1mL，混匀，置室温下静置6min，各加入10%硝酸铝1mL，混匀后于室温下静置6min，各加入4%氢氧化钠10mL，用蒸馏水定容，静置15min。

以第一瓶为空白，在500nm处测定吸光度，以质量浓度（mg/mL）为横坐标、吸光度为纵坐标，制作标准曲线。

2. 黄酮类混合物样液制备

新鲜植物组织在45℃、0.06 MPa条件下干燥至恒重，用干样粉碎机粉碎，准确称取约1g干样粉末，置于索氏提取器中，加入60mL乙醚，45℃回流至样品无色，冷却至室温，弃去乙醚，加入60mL甲醇，在80℃回流至提取液无色，冷却至室温。将甲醇提取液置于100mL容量瓶中，用甲醇定容，混匀后吸取10mL，置于100mL容量瓶中，用蒸馏水定容。

3. 总黄酮类化合物含量的测定

取3mL水稀释液于25mL容量瓶中，以下各步与标准曲线绘制相同。最后在500nm波长下测定吸光度。

五、结果计算

$$\text{总黄酮类化合物含量}=\frac{Y\times 100\times\dfrac{100}{10}\times\dfrac{25}{3}}{m\times 1000}\times 100$$

式中 Y——从标准曲线上获得的与样品吸光度对应的黄酮类化合物含量，g/mL；

m——样品质量，g。

六、实验注意事项

黄酮类化合物对光敏感，故在所有操作过程中应尽量避光。

实验 4-6 黄酮类化合物的 HPLC 法测定

一、实验目的

掌握 HPLC 法测定黄酮类化合物含量的原理与方法。

二、实验原理

溶解在甲醇中的黄酮类化合物可直接注入高效液相色谱仪中进行分离。在反相色谱中黄酮类化合物按一定的顺序洗脱、分离。被分离的各黄酮类化合物组分在 254nm 处均有明显的光吸收，故可在此波长下对被分离的组分进行检测。

三、实验器材

1. 试剂

色谱纯甲醇、磷酸等；黄酮类化合物标准品，如芦丁等。

2. 仪器

配备紫外检测器的高效液相色谱仪、微孔滤膜、磁力加热搅拌器、回流装置等。

四、操作步骤

准确称取 10～20g 新鲜植物材料于研钵中，加入 80mL 甲醇研磨，收集上清液。再重复甲醇提取过程一次，将两次提取液合并于 250mL 容量瓶中，接上冷凝管，在 80℃的磁力搅拌器上，连同提取物残渣，回流约 1h。冷却至室温，用甲醇定容至 250mL。取 1～2mL 甲醇溶液，用 0.45μm 微孔滤膜过滤。

准确称取少许各种标准品，并分别溶于甲醇中。量与体积根据它们在样品中的含量而定。

色谱条件：色谱柱为反相 C_{18} 柱（5μm，长度＞25cm）；流动相为 60％甲醇水溶液，用磷酸调 pH 值至 3～4；流速为 1.2mL/min；柱温为室温；检测波长 254nm；进样体积 10μL。

五、结果与计算

定性：样品中各组分主要根据其保留时间与标准品的保留时间重合来定性。

定量：采用外标或内标法以标准样品确定样品中各组分的含量。

六、实验思考题

在反相高效液相色谱上，被分离的各黄酮类化合物的洗脱顺序是由哪些因素决定的？

实验 4-7　多酚总量的测定——酒石酸铁法

一、实验目的

掌握用酒石酸铁法测定食品中多酚总量的方法及其原理。

二、实验原理

多酚是植物源食品中存在较为广泛的一类成分。纯品多酚无色有涩味。多酚极易氧化，随氧化程度不同呈橘黄、深黄、微红、深红、褐色等颜色。食品中多酚的含量不仅对食品的滋味有影响，而且对食品的色泽有很大影响。另外，多酚还具有抗氧化、清除自由基等作用。从富含多酚的植物中制备多酚，可用作食品抗氧化剂，开发保健品或药品。

目前测定多酚的方法很多，如利用多酚与某些试剂作用，直接或间接生成有色物质进行定量，如高锰酸钾精胶法、酒石酸铁比色法等；还有利用多酚与某些金属离子如锌、铜离子等络合沉淀进行定量分析的络合滴定法、电位计法和原子吸收分光光度法等。酒石酸铁比色法在生产及科研中常用，且与传统的标准方法高锰酸钾精胶法相比，结果没有显著差异，且方便快速。

酒石酸铁比色法的原理是依据酒石酸铁能与多酚类物质生成紫色络合物，其颜色的深浅与多酚类物质的含量成正比，在 540nm 处出现最大吸收，在一定范围内，符合比尔定律。

三、实验器材

1. 试剂

1）酒石酸铁溶液　称取硫酸亚铁（$FeSO_4 \cdot 7H_2O$）1.0g，与含 4 个结晶水的酒石酸钾钠（$C_4H_4O_6NaK \cdot 4H_2O$）5g，加水溶解并定容至 1000mL。

2）pH7.5 磷酸缓冲液　A 液（1/15mol/L 的 Na_2HPO_4）：称取 11.876g $Na_2HPO_4 \cdot 2H_2O$，加水溶解，并稀释至 1000mL（若用 Na_2HPO_4 只需 9.47g，若用 $Na_2HPO_4 \cdot 12H_2O$ 则需 23.877g，其他类推）。

B 液（1/15mol/L 的 KH_2PO_4）：将磷酸二氢钾在 110℃烘 2h，称取 9.078g 加水溶解，并稀释至 1000mL。

取 A 液 85mL、B 液 15mL，混合后即为 pH7.5 的磷酸缓冲液。

2. 器材用具

三角瓶、容量瓶、移液管或移液器、分光光度计、分析天平。

四、操作步骤

1. 样品处理

液态样品可直接取样作为供试液，用于显色测定。固态样品要进行前处理。准确称取固态磨碎样品 1.000g 左右，放在 200mL 三角瓶中，加入沸腾蒸馏水 80mL，沸水浴中浸提 30min，然后过滤、洗涤，滤液入 100mL 容量瓶中快速冷却至室温，用水定容，摇匀即为供试液。

2. 测试

取供试液 1mL 至 25mL 容量瓶中，加蒸馏水 4mL，加酒石酸铁溶液 5mL，摇匀，用 pH7.5 的磷酸缓冲液稀释至刻度。用蒸馏水代替供试液加入相同量的试剂作为空白。在 540nm 下用 1.0cm 比色杯测定吸光度。

五、结果计算

按下列经验公式计算多酚含量：

$$多酚含量=吸光度\times 3.913\times\frac{稀释倍数}{样品干重(mg)}\times 100(\%)$$

如果用多酚纯品绘制标准曲线，则按以下公式计算：

$$多酚含量=\rho\times\frac{稀释倍数}{样品干重(mg)}\times 100(\%)$$

式中，ρ 为从标准曲线得到的试液中多酚含量，mg/mL。

多酚标准曲线的绘制：准确称取多酚标准品 0.2500g，溶于 250mL 棕色容量瓶中，用水定容。此液每毫升含 1mg 多酚。

用移液器或移液管分别移取此溶液 0.0、0.5mL、1.0mL、1.5mL、2.0mL 于一组 25mL 容量瓶中，分别加不同量的蒸馏水至总体积 5.0mL，其后步骤同供试液测定。最后以吸光度值对多酚浓度绘制标准曲线。

六、实验注意事项

1. 本方法简便快速、容易掌握。但对于茶多酚产品纯度测定，用此方法测定的结果偏高。

2. 试液制备后要立即测定，否则应放置在冰箱中，以防氧化。

七、实验思考题

1. 多酚类物质的组成及结构特点有哪些？
2. 多酚类物质为什么具有抗氧化作用？
3. 样品供试液制备后放置了 6h，再与酒石酸铁显色测定，测定结果是偏低还是偏高？为什么？

实验 4-8 比色法测定单宁的含量

一、实验目的

掌握比色法测定单宁含量的原理与方法。

二、实验原理

样品中的单宁在碱性溶液中将磷钨钼酸还原，生成深蓝色化合物，可用比色法测定。

三、实验器材

1、试剂

标准单宁酸溶液（0.5mg/mL）：准确称取标准单宁酸 50mg，溶解后用水稀释至 100mL，用时现配。

F-D（Folin-Donis）试剂：称取钨酸钠 50g、磷钼酸 10g，置于 500mL 锥形瓶中，加 375mL 水溶解，再加磷酸 25mL，连接冷凝管，在沸水浴上加热回流 2h，冷却后用水稀释至 500mL。

60g/L 偏磷酸溶液。

1mol/L 碳酸钠溶液：称取无水碳酸钠 53g，加水溶解并稀释至 500mL。

95％和 75％的乙醇溶液。

2. 器材用具

组织捣碎机或研钵，分光光度计，回流装置，电炉等。

四、操作步骤

1. 标准曲线的绘制

准确吸取标准单宁酸溶液 0、0.1mL、0.2mL、0.4mL、0.6mL、0.8mL、1.0mL 于 50mL 容量瓶中，各加入 75％乙醇 1.7mL、60g/L 偏磷酸溶液 0.1mL、水 25mL、F-D 试剂 2.5mL、1mol/L 碳酸钠溶液 10mL，剧烈振摇，以水稀释至刻度，充分混合。于 30℃恒温箱中放置 1.5h，用分光光度计在波长 680nm 处测定吸光度，并绘制标准曲线。

2. 样品测定

果实去皮切碎后，迅速称取 50g（如分析罐头食品则称取 100g），加入 95％乙醇 50mL、60g/L 偏磷酸溶液 50mL、水 50mL，置于高速组织捣碎机中打浆 1min（或在研钵中研磨成浆状）。称取匀浆液 20g 于 100mL 容量瓶中，加入乙醇（75％）40mL，在沸水浴中加热 20min，冷却后用乙醇（75％）稀释至刻度。充分混合，以慢速定量滤纸过滤，弃去初滤液。

吸取上述滤液 2mL，置于已盛有 25mL 水、2.5mL F-D 试剂的 50mL 容量瓶中，然后加入 1mol/L 碳酸钠溶液 10mL，剧烈振摇，以水稀释至刻度，充分摇匀（此时溶液的蓝色逐渐产生）。同时做空白实验。

于 30℃恒温箱中放置 1.5h 后，用分光光度计在波长 680nm 处，以试剂空白调零，测定吸光度。

五、结果计算

$$X=C\times10^{-6}/(m\times K)\times100\%$$

式中　X——样品中单宁的质量分数，％；

C——比色用样品溶液中单宁的含量（由标准曲线查得），μg；

m——样品质量，g；

K——稀释倍数，如按上述方法取样 50g 时 $K=(20/200)\times(2/100)=1/500$。

六、实验注意事项

1. 样品处理时要尽快进行，以免单宁氧化而造成误差。

2. 维生素C也能与F-D试剂作用产生蓝色，因此当样品中含有维生素C时需进行校正，1mg维生素C相当于0.8mg单宁酸。

实验4-9 EDTA-Na_2络合滴定法测定单宁含量

一、实验目的

掌握EDTA-Na_2络合滴定法测定单宁含量的原理与方法。

二、实验原理

根据单宁可与重金属离子形成络合物沉淀的性质，在样品提取液中加入过量的标准Zn（Ac）$_2$溶液，待反应完全后，再用EDTA-Na_2标准溶液滴定剩余的Zn（Ac）$_2$，根据EDTA-Na_2标准溶液的消耗量，可计算出样品中单宁的含量。

三、实验器材

1. 试剂

1.000mol/L醋酸锌标准溶液：准确称取Zn（Ac）$_2$·2H_2O 21.95g，用水溶解后定容至100mL。

0.0500mol/L乙二胺四乙酸二钠（EDTA-Na_2）标准溶液：准确称取EDTA-Na_2 9.306g，溶解于水，用水稀释至500mL。必要时进行标定。

pH=10的NH_3-NH_4Cl缓冲溶液：称取54g NH_4Cl，加水溶解后加入浓氨水350mL，用水定容至1000mL。

铬黑T指示剂：称取0.5g铬黑T，溶于10mL pH=10的NH_3-NH_4Cl缓冲溶液中，用乙醇（95%）定容至100mL。

2. 器材

天平、烧杯、容量瓶、pH计、研钵、水浴锅、碱式滴定管等。

四、操作步骤

1. 样品处理

称取切碎混匀的样品5～10g，置于研钵中，加入少许石英砂研磨成浆状（干样品经磨碎过筛后，准确称取1～2g），转入150mL锥形瓶中，用50mL水分多次洗净研钵，洗液一并转入锥形瓶中，振荡提取10～15min。

2. 络合沉淀

在100mL容量瓶中，准确加入醋酸锌标准溶液5mL、浓氨水3.5mL，摇匀（开始有白色沉淀产生，摇动使沉淀溶解）。慢慢将提取物转入容量瓶中，不断振摇，在35℃水浴中保温20～30min。冷却，用水定容至100mL，充分混匀，静置，过滤（初滤液弃去）。

3. 滴定

准确吸取滤液10mL，置于150mL锥形瓶中。加水40mL、NH_3-NH_4Cl缓冲溶液12.5mL、铬黑T指示剂10滴，混匀。用0.0500mol/L的EDTA-Na_2标准溶液滴定，溶液由酒红色变为纯蓝色即为终点。

五、结果计算

$$X=(c_1V_1-10c_2V_2)\times 0.1556/m\times 100$$

式中 X——样品中单宁的质量分数，%；

c_1——醋酸锌标准溶液浓度，mol/L；

V_1——吸取醋酸锌标准溶液的体积，mL；

c_2——EDTA-Na_2标准溶液浓度，mol/L；

V_2——滴定时消耗EDTA-Na_2标准溶液的体积，mL；

0.1556——由实验得出的比例常数，g/mmol；

m——样品质量，g；

10——分取倍数，即样品络合沉淀后定容至100mL，吸取其中的1/10进行滴定。

六、实验注意事项

1. 单宁遇Fe^{3+}会发生颜色反应，因此处理样品时不能与铁器接触，切碎样品应采用不锈钢刀。

2. 单宁容易被氧化，样品处理后应立即进行测定。同时要注意加热温度，加热过程中要间歇摇动数次，以使反应完全。

实验4-10 高锰酸钾滴定法测定单宁含量

一、实验目的

掌握高锰酸钾滴定法测定单宁含量的原理与方法。

二、实验原理

单宁为一强还原性物质，极易被氧化。本实验以高锰酸钾为氧化剂，根据单宁被活性炭吸附前后的氧化值之差计算单宁物质的含量。靛红能被高锰酸钾氧化从蓝变黄从而指示终点。

三、实验器材

1. 试剂

粉状活性炭。

0.01mol/L高锰酸钾溶液：将1.58g高锰酸钾溶入沸水中，移入1000mL容量瓶，冷却后定容至刻度。用草酸标定后，求出高锰酸钾的物质的量浓度。

0.1%靛红溶液：称取靛红 1g，溶入 50mL 浓硫酸中，如难溶，可在水浴中加热到 60℃，保持 4h。然后稀释至 1000mL。

2. 器材用具

水浴锅、电子天平、量筒、容量瓶（1000mL）、移液管（10mL、5mL）、研钵、漏斗、滤纸、烧杯。

3. 试材

柿子、香蕉、苹果等。

四、操作步骤

取样品 5～10g 放于研钵中磨成匀浆，用水稀释定容到 100mL 过滤，吸取滤液 5mL 放入 10mL 三角瓶，准确加入靛红 5mL、蒸馏水 10mL，用高锰酸钾滴定至金黄色。

另取样液 5mL 加入活性炭 2～3g，置水浴上加热搅拌 10min，趁热过滤，并用热水洗数次，于滤液中准确加入靛红 5mL、蒸馏水 10mL，用高锰酸钾滴定至金黄色。

五、结果计算

按下式计算：

$$单宁(\%)=N\times(V_1-V_2)\times 0.0416/m\times 100$$

式中　N——高锰酸钾物质的量浓度；

V_1——滴定样品所消耗高锰酸钾溶液的体积，mL；

V_2——样品吸收单宁后所消耗高锰酸钾溶液的体积，mL；

m——5mL 样液相当于样品的质量，g；

0.0416——单宁的毫物质的量，mmol。

六、实验思考题

1. 样品处理能否与铁器接触？为什么？
2. 如果样品中有抗坏血酸，应如何处理？
3. 试比较比色法、EDTA-Na_2 络合滴定法、高锰酸钾滴定法这三种测定单宁方法的精度和适用范围。

第五章 食品成分及其重要性质研究

实验 5-1 食品水分活度的测定——直接测定法

一、实验目的

掌握用扩散法测定水分活度的原理与方法。了解水分活度的意义。

二、实验原理

内插法确定食物的水分活度，称取一定质量样品在康氏皿中，分别与 3 种已知水分活度的饱和盐溶液，在密闭恒温箱中达到扩散平衡，样品从水分活度高于它的饱和盐的溶液中得到水分后增重，失水于低于其水分活度的盐溶液而减重，以样品重量改变值为纵坐标，以饱和盐溶液的水分活度为横坐标，将样品在 3 种饱和盐中测得的值描点，并连成直线，该直线与横坐标交点即为所测样品的水分活度值。

三、实验器材

1. 试剂

1）$MgCl_2 \cdot 6H_2O$ 饱和溶液（A_w＝0.350，25℃）：称取 167g $MgCl_2 \cdot 6H_2O$，溶于 100mL 水中至有不溶结晶物。

2）NaCl 饱和溶液（A_w＝0.752，25℃）：称取 35.7g NaCl，溶于 100mL 水中至有不溶结晶物。

3）KNO_3 饱和溶液（A_w＝0.924，25℃）：称取 13.3g KNO_3，溶于 100mL 水中至有不溶结晶物。也可根据待测样品水分活度的估测范围换用其他饱和盐溶液，其水分活度值参考表 5-1。

4）苹果块，饼干。

表 5-1 标准饱和盐溶液的 A_w 值

标准试剂	A_w	标准试剂	A_w
LiCl	0.11	$NaBr \cdot 2H_2O$	0.58
CH_3COOK	0.23	NaCl	0.752
$MgCl_2 \cdot 6H_2O$	0.33	KBr	0.83
K_2CO_3	0.43	$BaCl_2$	0.90
$Mg(NO_3)_2 \cdot 6H_2O$	0.52	$Pb(NO_2)_3$	0.97

2. 器材用具

康氏皿、万分之一电子天平、恒温箱、硫酸纸、凡士林、待测样品等。

四、操作步骤

1. 在康维容器的外室放置标准盐饱和溶液，在内室的铝箔皿中加入 1g 左右的食品试样，试样先用分析天平称重，准确至毫克，记录初读数。

2. 在玻璃盖涂上真空脂密封，放入恒温箱，在 25℃保持 2h，准确称试样重，以后每 0.5h 称一次，至恒重为止，算出试样的增减质量。

3. 若试样的 A_w 值大于标准试剂，则试样减重；反之，若试样的 A_w 比标准试剂小，则试样质量增加。因此要选择 3 种以上标准盐溶液与试样一起分别进行试验，得出试样与各种标准盐溶液平衡时质量的增减数。

4. 在坐标纸上以每克食品试样增减的质量（mg）为纵坐标、以水分活度 A_w 为横坐标作图，图 5-1 中的 A 点是试样 $MgCl_2 \cdot 6H_2O$ 标准饱和溶液平衡后质量减少 20.2mg/$g_{试样}$，B 点是试样与 $Mg(NO_3)_2 \cdot 6H_2O$ 标准饱和溶液平衡后失重 5.2mg/$g_{试样}$，C 点是试样与 NaCl 标准饱和溶液平衡后增重 9.75mg/$g_{试样}$，而这三种标准饱和溶液的 A_w 分别为 0.33、0.52 和 0.75。把这三点连成一线，与横坐标相交于 D 点，D 点即为该试样的水分活度 A_w，为 0.60。

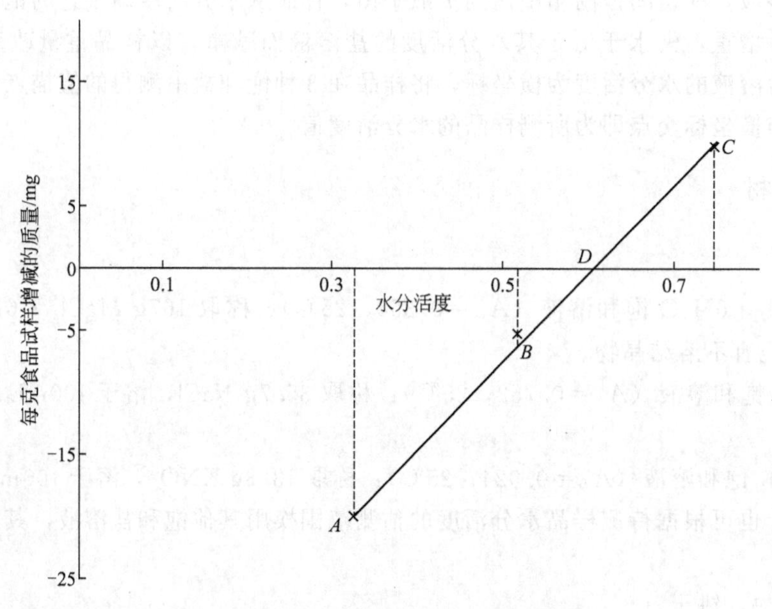

图 5-1　试样质量的增减与水分活度的关系

报告原始实验数据与处理结果。

五、实验注意事项

1. 注意试样称重的精确度，否则会造成测定误差。

2. 对试样的 A_w 值的范围预先有一个估计，以便正确地选用标准盐饱和溶液。

3. 若食品试样中含有酒精一类的易溶于水又具有挥发性的物质时，则难以准确测定其 A_w 值。

六、实验思考题

1. 测定不同食品的水分活度，在饱和溶液的选用上应如何调整？
2. 在实验中可以增加饱和盐的种类吗？增减对实验有何影响？
3. 前后两次称量的差值，小于多少可判断为恒量？
4. 哪些情况下不适于用本法测定水分活度？

实验 5-2 蛋白质功能性质的测定

一、实验目的

掌握蛋白质基本功能的测定方法，了解蛋白质结构与其功能性质的联系。

二、实验原理

蛋白质的功能性质一般是指蛋白质成为人们所需的食品特征而具有的物理化学性质，即对食品加工、贮藏、销售过程发挥作用的那些性质，这些性质对食品的质量及风味起着重要的作用。蛋白质的功能性质与蛋白质在食品体系中的用途有着十分密切的关系，是开发和有效利用蛋白质资源的重要依据。

蛋白质的功能性质可分为水化性质、表面性质、蛋白质-蛋白质相互作用的性质三个主要类型，主要包括吸水性、溶解性、保水性、黏度和黏着性、乳化性、起泡性、凝胶作用等。

各种蛋白质具有不同的功能性质，如牛奶中的酪蛋白具有凝乳性，在热、酸、酶（凝乳酶）的作用下会沉淀，用来制造奶酪。酪蛋白还能加强冷冻食品的稳定性，使冷冻食品在低温下不会变得酥脆。面粉中的谷蛋白（面筋）具有黏弹性，在面包、蛋糕发酵过程中，蛋白质形成立体的网状结构，能保持住气体，使体积膨胀，在烘烤过程中蛋白质凝固是面包成型的因素之一。肌肉蛋白的持水性与味道、嫩度及颜色有密切的关系。鲜肉糜的重要功能特性是保水性、脂肪黏合性和乳化性。在食品的配制中，选择哪一种蛋白质，原则上是根据它们的功能性质。

本实验以卵蛋白、大豆蛋白为代表，通过一些定性试验了解它们的主要功能性质。

三、实验器材

1. 试剂

分离大豆蛋白、盐酸、氢氧化钠、氯化钠、硫酸铵溶液、δ-葡萄糖酸内酯、氯化钙、水溶性色素、明胶、蛋清蛋白、卵黄蛋白、面粉、牛肉、瘦肉、乳酸、磷酸钠等。

2. 器材用具

显微镜、电动搅拌机、电磁炉、天平、锥形瓶、绞肉机等。

四、操作步骤

1. 蛋白质的水溶性

1）在 50mL 的小烧杯中加入 0.5mL 蛋清蛋白，加入 5mL 水，摇匀，观察其水溶性，有无沉淀产生。在溶液中逐滴加入饱和氯化钠溶液，摇匀，得到澄清的蛋白质的氯化钠溶液。

取上述蛋白质的氯化钠溶液 3mL，加入 3mL 饱和硫酸铵溶液，观察球蛋白的沉淀析出，再加入粉末硫酸铵至饱和，摇匀，观察清蛋白从溶液中析出，解释蛋清蛋白质在水中及氯化钠溶液中的溶解度以及蛋白质沉淀的原因。

2）在四个试管中各加入 0.1～0.2g 大豆分离蛋白粉，分别加入 5mL 水、5mL 饱和食盐水、5mL 1mol/L 的氢氧化钠溶液、5mL 1mol/L 的盐酸溶液，摇匀，在温水浴中温热片刻，观察大豆蛋白在不同溶液中的溶解度，在第一、二支试管中加入饱和硫酸铵溶液 3mL，析出大豆蛋白沉淀。第三、四支试管中分别用 1mol/L 盐酸及氢氧化钠中和至 pH4～4.5，观察沉淀的生成，解释大豆蛋白的溶解性以及 pH 值对大豆蛋白溶解性的影响。

2. 蛋白质的乳化性

1）取 5g 卵黄蛋白加入 250mL 的烧杯中，加入 95mL 水、0.5g 氯化钠，用电动搅拌器搅匀后，在不断搅拌下加入植物油 10mL，滴加完后，强烈搅拌 5min 使其分散成均匀的乳状液，静置 10min，待泡沫大部分消除后，取出 10mL，加入少量水溶性红色素染色，不断搅拌至染色均匀，取一滴乳状液在显微镜下仔细观察，被染色部分为水相，未被染色部分为油相，根据显微镜下观察所得到的染料分布，确定该乳状液是属于水包油型还是油包水型。

2）配制 5%的大豆分离蛋白溶液 100mL，加 0.5g 氯化钠，在水浴上温热搅拌均匀，同上法加 10mL 植物油进行乳化，静置 10min 后，观察其乳化液的稳定性，同样在显微镜下观察乳状液的类型。

3. 蛋白质的起泡性

1）在 3 个 250mL 的烧杯中各加入 2%的蛋清蛋白溶液 50mL，一份用电动搅拌器连续搅拌 1～2min，一份用玻璃棒不断搅打 1～2min，一份用玻管不断鼓入空气泡 1～2min，观察泡沫的生成，估计泡沫的多少及泡沫稳定时间的长短，评价不同的搅打方式对蛋白质起泡性的影响。

2）取两个 250mL 的烧杯，各加入 2%的蛋清蛋白溶液 50mL，一份放入冷水或冰箱中冷至 10℃，一份保持常温（30～35℃），同时以相同的方式搅打 1～2min，观察泡沫产生的数量及泡沫稳定性有何不同。

3）取两个 250mL 烧杯，各加入 2%蛋清蛋白溶液 50mL，其中一份加入酒石酸 0.5g，一份加入氯化钠 0.1g，以相同的方式搅拌 1～2min，观察泡沫产生的多少及泡沫稳定性有何不同。

用 2%的大豆蛋白溶液进行以上的同样实验，比较蛋清蛋白与大豆蛋白的起泡性。

4. 蛋白质的凝胶作用

1）在试管中取 1mL 蛋清蛋白，加 1mL 水和几滴饱和食盐水至溶解澄清，放入沸水浴中，加热片刻观察凝胶的形成。

2）在 100mL 烧杯中加入 2g 大豆分离蛋白粉、40mL 水，在沸水浴中加热，不断搅拌均匀，稍冷，将其分成二份，一份加入 5 滴饱和氯化钙，另一份加入 0.1～0.2g δ-葡萄糖酸内酯，放置温水浴中数分钟，观察凝胶的生成。

3）在试管中加入0.5g明胶、5mL水，水浴中温热溶解形成黏稠溶液，冷后，观察凝胶的生成。

解释在不同情况下凝胶形成的原因。

5. 酪蛋白的凝乳性

在小烧杯中加入15mL牛奶，逐滴滴加50%的乳酸溶液，观察酪蛋白沉淀的形成，当牛奶溶液达到pH4.6时（酪蛋白的等电点），观察酪蛋白沉淀的量是否增多。

6. 面粉中谷蛋白的黏弹性

分别将20g高筋面粉和低筋面粉加9mL水揉成面团，将面团不断在水中洗揉，直至没有淀粉洗出来为止，观察面筋的黏弹性，并分别称重，比较高筋粉和低筋粉中湿面筋的含量。

7. 肌肉蛋白质的持水性

将新鲜瘦猪肉在搅肉机中搅成肉糜，取10g肉糜分三份，分别加入2mL水、4mL水以及4mL含有20mg焦磷酸钠（或三聚磷酸钠）的水溶液，顺一个方向搅拌2min，放置半小时以上，观察三份肉糜的持水性、黏着性。蒸熟后再观察其胶凝性。

五、实验思考题

1. 如何对上述实验方案及仪器设备做改进，能够定量测定蛋白质的上述功能性质？在定量中，哪些操作步骤或数据是影响各性质定量指标的关键？

2. 牛奶酸败为何出现沉淀，沉淀是什么？

3. 在面制品加工中如何选择使用高筋粉和低筋粉？

4. 为什么加入焦磷酸盐会增加肉的持水性？

5. 蛋白质沉淀的定义及蛋白质沉淀的方法有哪些？

6. 解释蛋清蛋白质在水中及氯化钠溶液中的溶解度以及蛋白质沉淀的原因。

7. 解释大豆分离蛋白的溶解性以及pH值对大豆分离蛋白溶解性的影响。

8. 解释在不同情况下蛋白质凝胶形成的原因。

9. 影响蛋白质乳化性质的因素有哪些？

10. 影响蛋白质发泡性质的因素有哪些？

实验5-3 淀粉的糊化温度测定

一、实验目的

学习并掌握偏光十字法测定淀粉的糊化温度；学习热台显微镜的使用方法。

二、实验原理

淀粉发生糊化现象的温度称为糊化温度。颗粒较大的淀粉容易在较低温度下先糊化，称为糊化开始温度。所有淀粉颗粒全部糊化所需的温度，称为糊化完成温度，两者相差约10℃。因此，糊化温度不是指某一确定温度，而是指从糊化开始温度到完成温度的一定范围。糊化温度的测定有偏光十字法、BV测定法、RVA测定法和DSC分析技术等。

淀粉颗粒属于球晶体系，具备球晶的一般特征，在偏光显微镜下淀粉颗粒具有双折射性，呈现偏光十字。淀粉糊化后，颗粒的结晶结构消失，分子变成无定形排列时，偏光十字也随之消失，根据这种变化能测定糊化温度。

三、实验器材

1. 材料、试剂

淀粉、矿物油。

2. 仪器设备

热台显微镜、载玻片、盖玻片。

四、操作步骤

1. 淀粉乳的配制

称取0.1～0.2g淀粉样品加入100mL蒸馏水中，使其含量为0.1%～0.2%，搅拌均匀待用。

2. 样品玻片的制作

取2滴稀淀粉乳，含100～200个淀粉颗粒，置于载玻片上，放上盖玻片，盖玻片四周围施以高黏度矿物油，置于电加热台。

3. 糊化温度的测定

调节电加热台的加热功率，使温度以约2℃/min的速度上升，跟踪观察淀粉颗粒偏光十字的变化情况。淀粉乳温度升高到一定温度时，有的淀粉颗粒的偏光十字开始消失，便是糊化开始的温度。随着温度的升高，更多淀粉颗粒的偏光十字消失，当约98%的淀粉颗粒偏光十字消失即为糊化完成温度。

五、实验注意事项

淀粉乳液的浓度适中，使得一滴淀粉乳液含有100～200个淀粉颗粒，淀粉颗粒太少没有统计学意义，样品没有足够的代表性。淀粉颗粒太多则不利于观察计数。

六、实验思考题

淀粉的糊化温度为何是一个温度范围?

实验5-4　柑橘皮天然果胶的制备、测定及应用

一、实验原理

1. 掌握食品中果胶的提取方法。
2. 掌握食品中果胶含量、果胶酯化度测定的原理与方法。
3. 了解果胶胶凝条件。

二、实验原理

果胶的基本结构是以 α-1，4 糖苷键连接而成的半乳糖醛酸聚合物，其侧链通常还带有鼠李糖、木糖、阿拉伯糖等，游离的羧基部分被甲酯化，部分与钙离子、钾离子、钠离子或硼化合物结合在一起。

果胶在苹果、柑橘等果实中含量较多。在果蔬中，尤其是未成熟的水果和皮中，果胶多数以原果胶形式存在。原果胶是以金属离子桥与多聚半乳糖醛酸中的游离羧基相结合，不溶于水。利用原果胶不溶于水、在酸性条件下可以水解为果胶的特性，可将原果胶酸水解为可溶性的果胶粗品，粗品再进行脱色、沉淀、干燥等处理即得果胶成品。目前商品果胶的原料主要是苹果皮、柑橘皮和柠檬皮，提取方法除了传统的酸提取法外，酶法提取、超声波提取、连续逆流萃取和离子交换树脂提取等方法也得到了越来越广泛的应用。

果胶通常由原果胶、果胶酸酯和果胶酸 3 种物质组成，这 3 种物质的基本结构骨架都是聚半乳糖醛酸。果胶羧基有 3 种存在形式：甲酯化（$—COOCH_3$）、游离酸（—COOH）及盐（$—COO^-Na^+$）。测定时，首先将盐形式的转换成游离酸，用碱溶液滴定计算出果胶中游离羧基的含量，即为果胶的原始滴定度；然后加入过量浓碱将果胶皂化，再用碱液滴定新转换生成的羧基，则可测得甲酯化的羧基的量。由游离羧基及甲酯化羧基的量可计算果胶的酯化度。

果胶为白色或淡黄褐色粉末，溶于水成黏稠状液体，在人体内具有生理活性，与适量的糖和有机酸一起煮，可形成柔软而有弹性的胶冻，在食品工业中用来制造果酱、果冻、巧克力、糖果等，也可用作冷冻食品、冰淇淋、雪糕等的稳定剂。

三、实验器材

1. 试剂

0.25%盐酸、95%乙醇、氨水、活性炭、2mol/L 盐酸、0.5%中性红乙醇（70%）溶液、白糖、柠檬酸。

0.1mol/L 和 0.2mol/L NaOH 溶液：称取 5g 氢氧化钠，用煮沸并冷却到室温的蒸馏水溶解，定容到 250mL。此溶液的浓度约为 0.5mol/L，用草酸滴定，然后分别稀释到 0.1mol/L 和 0.2mol/L。

0.1mol/L 和 0.2mol/L HCl 溶液：用浓盐酸稀释到大约 0.4mol/L，准确吸取此溶液 10mL，用 0.2mol/L NaOH 标定，然后分别稀释到 0.1mol/L 和 0.2mol/L。

2. 仪器

烧杯、电子天平、尼龙布或纱布、布氏漏斗、酸式滴定管、碱式滴定管、精密 pH 试纸（pH 值 2～5）、恒温水浴锅。

3. 试材

新鲜柑橘皮。

四、操作步骤

1. 果胶提取

1）原料预处理：称取新鲜柑橘皮 20g，冲洗干净后放入 250mL 烧杯中，并加入

100mL 水，加热至 90℃，保持 5～10min，然后用水冲洗，再切成 3～5mm 大小的颗粒，用 50℃左右的热水反复漂洗，直至水为无色、果皮无异味为止。每次漂洗用尼龙布挤干果皮，再进行下一次漂洗。

2）酸水解提取：将预处理过的果皮粒放入烧杯中，加入约 60mL 0.25%盐酸，浸没果皮，调节 pH 值为 2.0～2.5，然后于 90℃煮 45min，趁热用尼龙布过滤。

3）脱色：往滤液中加入少量活性炭（0.5%～1.0%，质量/体积），80℃下水浴加热 20min，趁热抽滤。如果抽滤困难则可加入 2%～4%的硅藻土作助滤剂（如果柑橘皮漂洗干净，提取液清澈透明，则不用脱色）。

4）沉淀：待提取液冷却后，用稀氨水将溶液的 pH 值调节至 3～4，在不断搅拌下加入 95%乙醇，加入乙醇的量约为原体积的 1.3 倍，静置 20min。

5）过滤、洗涤、烘干：用尼龙布过滤，所收集的沉淀物即为果胶，果胶再用 95%乙醇洗涤 3 次，烘干（60～70℃）。

2. 果酱制作

称取 0.2g 果胶（干品）浸泡于 20mL 水中，慢慢加热并不断搅拌，使果胶全部溶解。加入 0.1g 柠檬酸、0.1g 柠檬酸钠和 20g 蔗糖，在搅拌下加热至沸，继续熬煮 5min，冷却后即成果酱。

3. 果胶物质含量测定

准确称取制备的果胶 2 份，分别置于 250mL 锥形瓶中，溶于约 50mL 水中，另取 2 个 250mL 锥形瓶，各装入 50mL 蒸馏水作为对照。

向每个锥形瓶内加入 3 滴中性红指示剂，用 0.1mol/L NaOH 滴定到红色刚刚消失。然后向每个锥形瓶内加入 10mL 0.2mol/L NaOH，于 30℃下保温 30min。反应结束后，向每个瓶内定量加入 10mL 0.2mol/L HCl，再用 0.1mol/L NaOH 滴定到红色消失，记下消耗的 NaOH 体积。将样品与对照耗碱量的差值记为 V_1，则 V_1 为果胶酸酯皂化反应的耗碱量。

再向每个锥形瓶内加入 50mL 0.1mol/L HCl，于 100℃水浴中保温 15min。反应结束后，取出锥形瓶，用冷水冷却到室温，然后将溶液分别转移到 250mL 容量瓶中，用水定容，混匀，过滤。取 5mL 滤液，置于另外的锥形瓶中，用 0.1mol/L NaOH 滴定到红色消失。记下消耗的 NaOH 体积，记样品中果胶酸钠与盐酸反应消耗的酸量为 V_2，则 V_2＝50－(样品的耗碱量－对照耗碱量)×2。

五、结果计算

1. 按下式计算鲜橘皮中果胶酸酯的含量：

$$果胶酸酯的含量(g)=V_1\times10^{-3}\times0.1\times190$$

2. 按下式计算橘皮中果胶酸的含量：

$$果胶酸的含量(g)=V_2\times10^{-3}\times176$$

3. 按下式计算橘皮中果胶物质的含量：

$$果胶含量(\%)=\frac{果胶酸酯+果胶酸}{样品质量}\times100$$

4. 按下式计算橘皮中果胶的酯化度：

$$酯化度(\%)=\frac{V_1}{V_2}\times100$$

六、实验思考题

1. 果胶含量还可用哪些方法测定？
2. 为什么用酸提取果胶？
3. 果胶在提取过程中发生了什么样的化学变化？
4. 在果冻制备过程中，加入的柠檬酸、柠檬酸钠和蔗糖，其作用分别是什么？

实验 5-5 蛋白质的盐析和透析

一、实验目的

掌握蛋白质盐析、透析的原理与操作技术。

二、实验原理

在蛋白质溶液中加入一定浓度的中性盐，蛋白质即从溶液中沉淀析出，这种作用称为盐析。盐析法常用的盐类有硫酸铵、硫酸钠等。

蛋白质用盐析法沉淀分离后，需脱盐才能获得纯品，脱盐最常用的方法为透析法。蛋白质在溶液中因其胶体质点直径较大，不能透过半透膜，而无机盐及其他低分子物质可以透过，故利用透析法可以把经盐析法所得的蛋白质提纯，即把蛋白质溶液装入透析袋内，将袋口用线扎紧，然后把它放进蒸馏水或缓冲液中，蛋白质分子量大，不能透过透析袋而被保留在袋内，通过不断更换袋外蒸馏水或缓冲液，直至袋内盐分透析完为止。透析常需较长时间，宜在低温下进行。

三、实验器材

1. 试剂

10%鸡蛋白溶液：选新鲜鸡蛋轻轻在蛋壳上击破一小洞，让蛋清从小孔流出，然后按一份鸡蛋清，加 9 份 0.9%氯化钠溶液的比例稀释。

含鸡蛋清的氯化钠蛋白溶液：取鸡蛋一个除去蛋黄取蛋白，加 320mL 蒸馏水和 100mL 饱和氯化钠溶液，通过数层纱布过滤，取滤液。

饱和硫酸铵溶液，硫酸铵晶体，1%硝酸银溶液，1%硫酸铜溶液，10%氢氧化钠溶液，5%火棉胶溶液。

2. 器材用具

透析袋、烧杯、试管等。

四、操作步骤

1. 蛋白质盐析

取 10%鸡蛋白溶液 5mL 于试管中，加入等量饱和硫酸铵溶液，微微摇动试管，使溶液混合后静置数分钟，蛋白质即析出，如无沉淀可再加少许饱和硫酸铵溶液，观察蛋白质的析出。

取少量沉淀混合物，加水稀释，观察沉淀是否会再溶解，另取剩余的混合物，加入过量的硫酸铵粉末，使其成为硫酸铵的饱和溶液，观察沉淀的产生。

2. 蛋白质的透析

透析袋的制备：取5%火棉胶溶液5mL，加入洁净而干燥的小三角瓶中，徐徐转动，使其沿瓶壁流匀，干后，用指甲或小刀刮开瓶口的薄膜，轻轻拉开，再用自来水将薄膜与瓶壁冲开，即可作为本实验所用的透析袋，将其保存在水中，用时取出。

注入含鸡蛋清的氯化钠蛋白质溶液5mL于上述自制透析袋中，将袋的开口端用线扎紧，然后悬挂在盛有蒸馏水的烧杯中，使其开口端位于水面之上。经过10min后，自烧杯中取出1mL溶液于试管中，加1%硝酸银溶液一滴，如有白色氯化银沉淀生成，即证明蒸馏水中有Cl^-存在。再自烧杯中取出1mL溶液于另一试管中，加入1mL 10%的氢氧化钠溶液，然后滴加1～2滴1%的硫酸铜溶液进行双缩脲反应，观察有无蓝紫色出现。

每隔20min更换蒸馏水一次，经过数小时，则可观察到火棉胶袋内出现轻微混浊，此即为蛋白质沉淀。继续透析至蒸馏水中不再生成氯化银沉淀为止。

实验报告记录透析完毕所需的时间。

实验5-6 从牛奶中分离乳脂、酪蛋白和乳糖

一、实验目的

掌握从牛奶中分离乳脂、酪蛋白和乳糖的方法。了解乳脂、酪蛋白及乳糖在食品加工中的用途。

二、实验原理

牛奶约含有3%乳脂，乳脂可用于加工奶油。牛奶经离心后乳脂就可上浮，分离乳脂层剩余的即为脱脂乳，可用于分离酪蛋白和乳糖。牛奶中主要的蛋白质是酪蛋白，含量约为35g/L。酪蛋白在乳中是以酪蛋白酸钙-磷酸钙复合体胶粒存在，胶粒直径为20～800nm。在酸或凝乳酶的作用下酪蛋白会沉淀，加工后可制得干酪或干酪素。

实验通过加酸调节pH，当达到酪蛋白等电点pH4.6时，酪蛋白沉淀。脱脂乳除去酪蛋白后剩下的液体为乳清，乳清中含有乳白蛋白和乳球蛋白，还有溶解状态的乳糖。乳中糖类99.8%以上是乳糖，可通过浓缩、结晶制取乳糖。

三、实验器材

1. 试剂

10%醋酸、95%乙醇、乙醚、碳酸钙、5%醋酸铅溶液、10%氯化钠、0.5%碳酸钠、0.1mol/L氢氧化钠、0.2%盐酸、饱和氢氧化钙溶液。

米伦试剂：将汞100g溶于140mL（相对密度1.42）的浓硝酸中（在通风橱内进行），然后加2倍量的蒸馏水稀释。

2. 试材

新鲜牛奶。

四、操作步骤

1. 从牛奶中分离乳脂、奶油

取 50mL 新鲜牛奶，离心机上 3500r/min 离心 5min，取出离心管后，小心将乳脂层与脱脂乳分离，将乳脂层冻结，然后回放到室温下，重新融化前快速搅动使脂肪球膜破裂，脂肪球膜蛋白变性，倾出释放出的少量水后，继续搅动形成油包水型的奶油。称量后计算得率。

2. 从牛奶中分离酪蛋白

将脱脂乳在恒温水浴中加热至 40℃，搅拌下缓慢加入 10％醋酸溶液，使牛奶 pH 达到 4.6，冷却。澄清后，用尼龙布过滤或直接用玻璃棒挑出酪蛋白粗品。滤液（乳清）用于分离乳糖。将酪蛋白粗品转入另一烧杯，加 20mL 蒸馏水，用玻璃棒充分搅拌，洗涤除去其中的水溶性杂质（如乳清蛋白、乳糖以及残留的溶液），离心后弃去上层清液，加 15mL 乙醇，洗涤除去其中的磷脂，离心后弃去上层清液，加 15mL 乙醚洗涤除去其中的脂肪，离心后弃去上层清液，待酪蛋白干燥后称其重量，计算酪蛋白的得率。

3. 从牛奶中分离乳糖

在除去酪蛋白的乳清中，加入 5g 碳酸钙粉末，搅拌均匀后加热至沸。加碳酸钙的目的一方面是中和溶液的酸性，防止加热时乳糖水解；另一方面又能使乳白蛋白沉淀。过滤除去沉淀，在滤液中加入 1～2 粒沸石，加热浓缩至 10mL，加入 20mL95％乙醇（注意离开火焰）和少量活性炭，搅拌均匀后在水浴上加热至沸腾，趁热过滤，滤液必须澄清。加塞放置过夜，乳糖结晶析出，抽滤，用 95％乙醇洗涤产品。干燥后称其重量，计算乳糖的得率。

4. 酸沉酪蛋白和其溶解性的初步鉴定

1）溶解性测定：取 6 支试管，分别加入水、10％氯化钠、0.5％碳酸钠、0.1mol/L 氢氧化钠、0.2％盐酸及饱和氢氧化钙溶液各 2mL。于每管中加入少量酪蛋白，不断摇荡，观察记录各管中酪蛋白溶解难易情况。

2）米伦反应（含酪氨酸的蛋白质的定性鉴定反应）：取酪蛋白少许，放置于试管中，加入 1mL 蒸馏水，再加入米伦试剂 10 滴，振摇，并缓慢加热。观察其颜色变化。

3）含硫（胱氨酸、半胱氨酸和蛋氨酸）测定：取少许酪蛋白溶于 1mL 0.1mol/L 氢氧化钠溶液中，再加入 1～3 滴 5％醋酸铅，加热煮沸，溶液变为黑色。

五、实验注意事项

1. 生奶油中脂肪球膜包裹着乳脂，脂肪球膜蛋白还结合着一定水分，所以生奶油总体可看作是水包油的分散体系。只有将脂肪球膜破坏，才能使乳脂释放出来；只有使脂肪球膜蛋白质发生变性，才能将其持有和结合的水分释放出来。乳脂和水都游离出来后，二者才好分离。倾倒出大部分水后，继续搅拌，残余的水和大量的乳脂就会形成均匀的油包水分散体系，这就是奶油。当奶油中的类胡萝卜素较多时，奶油呈黄色，称为黄油。

实验中，脂肪球膜破坏和蛋白质变性都主要依靠搅拌产生的剪切力及与器壁的摩擦作用完成。将生奶油先冷冻，主要目的是使脂肪处于结晶态，然后，再在融化前进行搅拌，因此搅拌时固体脂肪与脂肪球膜共存体系会产生最大的剪切力和摩擦力，这样就会较快地完成从生奶油向奶油的转化。所以，实验中的冷冻步骤必须在冰箱中冻实，拿出后，不能等到融化时再搅拌，必须在表面稍有融化时就立即搅动。

2. 酪蛋白鉴定主要依据酪蛋白含有较多酪氨酸残基和含硫氨基酸残基。但是许多蛋白质都具有这些残基，所以这两个鉴别反应都是阳性还不足以说明被检物是酪蛋白。这里只是一种练习，说明有许多定性反应可以帮助蛋白质分离过程中简单判断分离的目标物是否可能正在被一步步分离得到。采用的鉴别反应越多，判断就越准确。如果要求准确测定一种未知蛋白质是否是酪蛋白，可以采用标准酪蛋白和未知蛋白质同时做十二烷基磺酸钠-聚丙烯酰胺凝胶电泳（SDS-PAGE)。

六、实验思考题

1. 牛奶能够为人体提供能量的营养物质有哪些？

2. 什么是蛋白质的等电点，蛋白质在等电点具有哪些特殊的性质？

3. 实验中乳糖结晶的原理是什么？

实验 5-7　从番茄中提取番茄红素和 β-胡萝卜素

一、实验目的

掌握从番茄中提取并分离番茄红素与 β-胡萝卜素的原理及方法。

二、实验原理

番茄中含有番茄红素和少量的 β-胡萝卜素，二者均属于类胡萝卜素。其结构式如下：

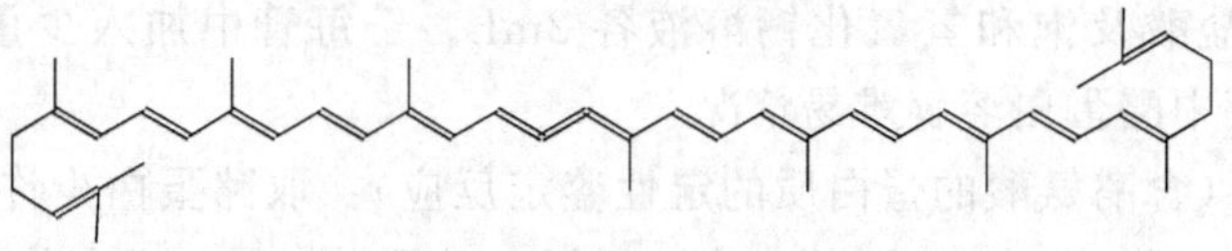

番茄红素

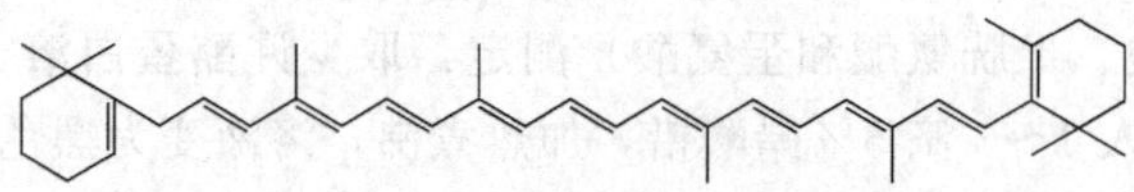

β-胡萝卜素

类胡萝卜素为多烯类色素，不溶于水而溶于脂溶性有机溶剂。本实验先用乙醇将番茄中的水脱去，再用二氯甲烷萃取类胡萝卜素。因为二氯甲烷不与水混溶，故只有除去水分后才能有效地从组织中萃取出类胡萝卜素。根据番茄红素与 β-胡萝卜素极性的差别，用柱色谱可以将它们分离。分离效果可以用薄层色谱进行检验。

三、实验器材

1. 试剂

95%乙醇；二氯甲烷；石油醚（60～90℃）；氯仿；中性或酸性氧化铝（柱色谱用）；环已烷；硅胶 G；饱和氯化钠溶液；无水硫酸钠。

2. 试材

新鲜番茄浆（或番茄酱）。

四、操作步骤

1. 原料处理与色素提取

称取新鲜番茄浆 20g 于 100mL 圆底烧瓶中，加 95%乙醇 40mL，摇匀，装上回流冷凝管，在水浴上加热回流 5min，趁热抽滤，只将溶液倾出，残渣留在瓶内，加入 30mL 二氯甲烷，水浴上加热回流 5min，冷却，将上层溶液倾出抽滤，固体仍保留在烧瓶内，再加 10mL 二氯甲烷重复萃取一次。合并乙醇和两次二氯甲烷提取液，倒入分液漏斗中，加 5mL 饱和氯化钠溶液（有利分层），振摇，静置分层。分出橙黄色有机相，使其流经一个在颈部塞有疏松棉花且在棉花上铺一层 1cm 厚的无水硫酸钠的三角漏斗，以除去微量水分。将此溶液储存于干燥的有塞子的锥形瓶中。色谱之前，将此溶液在通风橱中用热水浴蒸发至干。

2. 柱色谱分离

取一支长 15cm 左右内径为 1～1.2cm 的色谱柱，柱内装有用石油醚调制的氧化铝。将粗制的类胡萝卜素溶解于 4mL 苯中，用滴管在氧化铝表面附近沿柱壁缓缓加入柱中（留 1～2 滴供以后的薄层色谱用），打开活塞，至有色物料在柱顶刚流干时即关闭活塞。用滴管取几毫升石油醚，沿柱壁洗下色素，并通过放出溶剂至柱顶刚流干，从而使色素吸附在柱上。然后加大量的石油醚洗脱。黄色的 β-胡萝卜素在柱中移动较快，红色的番茄红素移动较慢。收集洗脱液至黄色的 β-胡萝卜素从柱上完全除去，然后用极性较大的氯仿作洗脱剂洗脱番茄红素（注意更换接收瓶）。将收集到的两个部分在通风橱内用热水浴蒸发至干。将样品分别溶于尽可能少的二氯甲烷中，尽快进行薄层色谱。

3. 薄层色谱检验

在用硅胶 G 铺成的薄板上距离底边约 1cm 处，分别用毛细管点上三个样品，中间点为未分离的混合物，两边分别点上分离得到的 β-胡萝卜素和番茄红素。可以多次点样，即点完一次，待溶剂挥发后再在原来的位置上点样。但要注意，必须在同一位置上点，而且样品斑点尽量小。点样时毛细管只要轻轻接触板面即可，切不可划破硅胶层。样品之间的距离为 1～1.5cm。将此板放入装有环已烷作展开剂的展开槽中，盖上盖子。切勿让展开剂浸没样品斑点。待溶剂展开至 10cm 左右时，取出薄层板。因斑点会氧化而迅速消失，故要用铅笔立即圈出。计算不同样品的 R_f 值，比较不同样品 R_f 值大小的原因以及分离效果。

$$R_f=\frac{\text{溶质最高浓度中心至原点中心的距离}}{\text{溶剂前沿至原点中心的距离}}$$

五、实验注意事项

1. 新鲜番茄浆的制备：将新鲜番茄洗净，用捣碎机捣碎或用市售的番茄酱。

2. 氧化铝色谱柱的装填方法：将色谱柱垂直固定于铁架上，铺上一层薄薄的石英砂，关闭活塞。称取15g氧化铝置于50mL锥形瓶中，加入15mL石油醚（顺序不能反），边加边搅，且不断旋摇直至成均匀浆液（稠厚但能流动），向柱内加入溶剂（石油醚）至半满，然后开启活塞让溶剂以每秒一滴的速度流入小锥形瓶中，摇动浆液，不断地逐渐倾入正在流出溶剂的柱子中，不断用木棒或带橡皮管的玻璃棒轻轻敲击柱身，使顶部呈水平面，将收集到的溶剂在柱内反复循环几次，以保证沉降完全和装紧柱。整个过程不能让柱流干。待溶剂刚好放至柱顶刚变干时即可上样。

3. 硅胶G薄层板的制备。将4g硅胶G置于一小烧杯中，加入8mL蒸馏水不断搅拌至浆糊状，倾倒在洗净的玻板上（18cm×6cm），流平，或用涂布器铺板，并轻轻敲打均匀，在室温放置0.5h晾干，然后移入烘箱，缓慢升温至105～110℃恒温活化0.5h，取出放入干燥器中备用。

实验5-8　茶叶中咖啡因的提取、分离和鉴定

一、实验目的

从天然产物提取、分离并鉴定某一成分是食品生产和科研中经常开展的工作。本实验的目的是掌握提取、分离并鉴定茶叶中咖啡因的方法及其操作原理，了解天然产物提取、分离与鉴定的基本工作思路与流程。

二、实验原理

茶叶是大众化饮品。茶叶中化合物种类繁多，其中生物碱如咖啡因、茶碱等对中枢神经系统有广泛的兴奋作用，还有较弱的兴奋心脏和利尿的作用。茶叶中含有1%～5%的咖啡因。

咖啡因（$C_8H_{10}N_4O_2$），白色结晶，熔点为238℃，178℃升华。溶于热水、热乙醇、氯仿，较难溶于醚和苯。提取茶叶中的咖啡因常用乙醇作溶剂，用连续提取装置进行固液萃取后，蒸除溶剂，得到粗咖啡因。利用咖啡因具有升华的性质，采用升华法对其进行分离纯化。

三、实验器材

1. 试剂

95%乙醇、1%盐酸、碘化汞钾试剂、碘化铋钾试剂、碘-碘化钾试剂、硅钨酸试剂。

碘化汞钾试剂：1.35g $HgCl_2$ 和5g碘化钾各溶于20mL蒸馏水中，将两溶液稀释至100mL。

碘化铋钾试剂：溶液Ⅰ（硝酸铋0.85g溶于10mL冰醋酸，加水40mL）；溶液Ⅱ（碘化钾0.8g溶于20mL水）；贮存液（溶液Ⅰ和溶液Ⅱ等量混合置棕色瓶中，可以长期

保存）；显色剂（贮存液 1mL 与冰醋酸 2mL，加水 10mL 混合，用前配制）。

碘-碘化钾试剂：1g 碘和 10g 碘化钾溶于 50mL 水，加热，加冰醋酸 2mL，用水稀释至 100mL。

硅钨酸试剂：5g 硅钨酸溶于 100mL 蒸馏水中，加稀盐酸调 pH 至 2。

2. 仪器设备

熔点仪、250mL 平底烧瓶、蛇形冷凝管、水浴锅、电炉、石棉网、蒸发皿、玻璃漏斗、小烧杯、容量瓶、刀片、胶头滴管等。

3. 试验材料

绿茶（干燥）。

四、操作步骤

1. 提取

茶叶研成粉末，称取茶叶 2g，加 95%乙醇 150mL 于烧瓶中，连接冷凝管，通入冷凝水，水浴加热提取 1h，然后过滤，弃去残渣，滤液浓缩至 5mL。将此浓缩提取液全部转入蒸发皿中，加入生石灰 3～4g，搅拌下水浴挥尽溶剂。

2. 纯化

取一片刺满小孔的圆形滤纸，置于上述蒸发皿上，于滤纸上再盖一只内径略小于蒸发皿的玻璃漏斗，漏斗尾部再盖一小烧杯。将此装置小心放在石棉网上加热至升华完毕。稍冷后小心将装置移出，待其温度降至室温后，小心用钢刀收集升华物。蒸发皿内残渣搅拌后，同前再进行一次升华操作，合并升华物，称量。

3. 鉴定

1）测定熔点。

2）化学反应。

检品溶液的制备：取少许升华物，用 1%盐酸 2mL 溶解，即得。

鉴别反应：碘化汞钾试剂、碘化铋钾试剂、碘-碘化钾试剂、硅钨酸试剂。

五、实验思考题

1. 为什么要将茶叶研细成粉末？
2. 升华操作前，加入生石灰的目的是什么？

实验 5-9 卵磷脂的提取、纯化和鉴定

一、实验目的

1. 掌握卵磷脂提取、纯化和鉴定的方法。
2. 了解从天然产物中提取有效成分并纯化、鉴定的一般思路。
3. 了解卵磷脂的特性、应用价值。

二、实验原理

卵磷脂是甘油磷脂的一种，广泛存在于动、植物中，其中蛋白质含量丰富。卵磷脂可溶于乙醚、乙醇等。因而利用这些溶剂进行提取，一般用乙醚从蛋黄中提取卵磷脂，粗提取液中混有中性脂肪，两者浓缩后经过离心进行分离，下层为卵磷脂。

新提取的卵磷脂为白色蜡状物，空气可将其氧化为黄褐色，由于其中不饱和脂肪酸被氧化所致。

卵磷脂在碱性条件下可分解为三甲胺，三甲胺具有鱼腥味。

卵磷脂在食品工业中广泛用作乳化剂、抗氧化剂、营养添加剂。

三、实验器材

鸡蛋、花生油、乙醚、10% NaOH、5% $AlCl_3$、95% 乙醇、离心机。

四、操作步骤

1. 卵磷脂的提取

取 15g 鸡蛋黄，于 150mL 锥形瓶中加入 40mL 乙醚，室温下搅拌提取 10min，然后静置 30min，上层液用棉花塞的漏斗过滤。往滤渣中加入 15mL 乙醚，搅拌提取 5min，第二次提取液通过过滤后与第一次提取液合并，倒入离心管，2000r/min 离心 5min，上层液倒入烧杯中，于 60℃ 热水浴中蒸去乙醚，约可得 5g 提取物。粗提取物进行离心（3000r/min，10min）后，下层粗提取物即为卵磷脂 2.5～2.8g，用于步骤 3 和 4。

2. 卵磷脂的初步纯化

剩余粗提取卵磷脂中加入 20mL 95%乙醇溶液搅拌后，2000r/min 离心 5min。将上清液转入另一只干净的烧杯中，75℃水浴除去大部分乙醇，加入 5mL 5%$AlCl_3$ 和 90%乙醇溶液。于水浴上加热至 75℃搅拌均匀后，观察有无沉淀析出。若有，溶于乙醚中，过滤，滤液真空干燥或冷冻干燥，得到无水产物。算得率后，取出少许用于步骤 3 和 4 实验。

如无沉淀析出，向溶液中加入 10mL 石油醚，充分振荡后，2000r/min 离心 5min，小心弃去石油醚层。下层剩余物中加入 10mL 水，充分振荡后 2000r/min 离心 5min，除去水层所得的浮状卵磷脂可以通过真空或冷冻干燥得到无水产物。计算得率后，用于步骤 3 和 4 实验。

3. 卵磷脂的鉴定

取以上提取物约 0.1g，于试管内加 10%NaOH 溶液 2mL，水浴中加热数分钟嗅其有无鱼腥味。

4. 乳化作用

取 2 支试管，各加入 3.5mL 水，一支加卵磷脂少许溶解后加入 5 滴花生油，另一支加入 5 滴花生油。加速、极力振荡后，使花生油分散。比较观察两支试管内的乳化状况。

五、实验思考题

1. 从鸡蛋中提取卵磷脂并纯化、鉴定还有哪些方案，以及各方案异同？
2. 提取溶剂改变时，对纯化方案有何影响，为什么？
3. 解释步骤 2 产生沉淀的原因。

第六章　食品贮藏加工中的化学变化

实验 6-1　非酶褐变、褐变程度的测定

一、实验目的

了解非酶褐变反应、香味的产生及焦糖的性质和用途。

二、实验原理

褐变按其发生的机理分为酶促褐变和非酶褐变两大类。非酶褐变又可分为3种类型。

1. 当还原糖与氨基酸混合在一起加热时全形成褐色“类黑色色素”，该反应称为羰氨反应，又称为美拉德反应。

2. 糖类在无氨基化合物存在下加热到其熔点以上，也会形成黑褐色的色素类物质，这种作用称为焦糖化作用。

3. 柑橘类果汁在贮藏过程中色泽变暗，放出CO_2，抗坏血酸含量降低。

三、实验器材

1. 试剂

焦糖、油、氯化钠、6%醋酸溶液、95%乙醇、25%蔗糖、20%甘氨酸、25%葡萄糖溶液、10%氢氧化钠溶液、10%盐酸溶液、饱和赖氨酸溶液、5%阿拉伯糖溶液、25%谷氨酸钠溶液、10%半胱氨酸盐酸盐溶液等。

2. 器材用具

天平、蒸发皿、电炉、温度计、容量瓶、移液管、分光光度计等。

四、操作步骤

1. 焦糖的制备

1）台秤称取白糖25g放入蒸发皿中，放入1mL水，在电炉上加热到150℃左右，关闭电源，温度上升到190～195℃，恒温10min左右，至深褐色，稍冷后，加入少量蒸馏水溶解，冷后倒入容量瓶中，定容至250mL，编号Ⅰ。

2）另取白糖25g，放入蒸发皿中，放入1mL水，加热至150℃，加酱油1mL，再加热到170～180℃，恒温5～10min，至深褐色，稍冷后，加入少量蒸馏水溶解，冷后倒入容量瓶中，定容至250mL，编号Ⅱ。

2. 比色

1）分别吸取编号Ⅰ和Ⅱ的10%焦糖溶液10mL，分别稀释到100mL成为1%焦糖溶液。

2）吸取上述1%焦糖溶液，按表6-1所列编号在小烧杯中混匀各种所需物质，再置于2cm比色皿中，用分光光度计在520nm处测定吸光度，根据吸光度的大小比较不同情况下焦糖的色泽。

表 6-1

编号试剂	1%焦糖Ⅰ /mL	1%焦糖Ⅱ /mL	水 /mL	NaCl /g	6%CH_3COOH /mL	95%乙醇 /mL	吸光度
1	10		10				
2	10		10	3.6			
3	10				10		
4	10					10	
5		10	10	3.6			
6		10	10				
7		10			10		
8		10				10	

3. 简单组分间的美拉德反应

1）取3支试管，各加25%葡萄糖溶液和25%谷氨酸钠溶液5滴，取第一支试管加10%盐酸2滴，第二支试管加10%氢氧化钠溶液2滴，第三支试管不加碱。将上述试管同时加入沸水中加热片刻，比较变色快慢和变色深浅。

2）取3支试管，第一支试管加20%甘氨酸溶液和25%蔗糖溶液各5滴，第二支试管加25%谷氨酸溶液和25%蔗糖溶液各5滴，第三支滴加20%甘氨酸溶液和25%葡萄糖溶液各5滴，在上述3支试管中各加10%氢氧化钠溶液2滴，放入沸水浴中加热片刻，比较颜色变化快慢和变色深浅。

3）取3支试管，分别加入3mL20%甘氨酸溶液、25%谷氨酸钠溶液和饱和赖氨酸溶液，另取一支试管加入20%甘氨酸和10%半胱氨酸盐酸盐溶液各2mL，然后分别加入25%葡萄糖溶液1mL加热至沸腾，观察颜色的变化和香气的产生，再加热蒸干，进一步观察颜色的变化并辨析所产生的香气。用25%的阿拉伯糖代替葡萄糖同样操作一次。记录香气类型，讨论产香机制并辨析香气的异同点。

五、实验思考题

1. 论述酸碱度的不同对颜色影响的原因。
2. 不同的氨基酸为什么有不同的香气产生？

实验 6-2　玉米淀粉的糖化程度对其甜度、黏度的影响

一、实验目的

了解淀粉的糖化程度；考察糖化程度对其甜度、黏度的影响；学习使用旋转式黏度

计；掌握黏度的测定方法；学习甜度的感官测定方法。

二、实验原理

淀粉的糖化程度，即DE值，是指还原糖（以葡萄糖计）占糖浆干物质的百分比。国家标准中，DE值越高，葡萄糖浆的级别越高。

玉米淀粉酶法制糖浆工艺过程中，液化与糖化是两个关键步骤。玉米淀粉糖化程度直接受糖化工艺的影响。在固定酶用量的基础上，糖化的温度与时间是糖化程度（DE值）的关键影响因素，并最终影响其制成糖浆的甜度与黏度。

三、实验器材

1. 试剂

α-淀粉酶（酶活力6000U/g）、糖化酶（酶活力40000～50000U/g）、10%蔗糖、1%麸皮、2%盐酸溶液、2%氢氧化钠溶液、0.2%氯化钙溶液、10g/L次甲基蓝指示液、2g/L葡萄糖标准溶液、碘液、费林试剂（硫酸铜、亚甲基蓝、酒石酸钾钠、氢氧化钠、亚铁氰化钾等，按GB/T 603—2002配制）。

2. 器材用具

分析天平、恒温水浴锅、电炉、pH计、糖度计、旋转黏度计等。

3. 试材

玉米淀粉。

四、操作步骤

1. 不同DE值淀粉糖浆的制备

100g玉米淀粉置于500mL锥形瓶中，加水300mL，搅拌均匀，浸泡15min，使玉米淀粉充分吸水，配成淀粉浆，于95℃水浴上加热，并不断搅拌，使淀粉浆由开始糊化到完全成糊（>10min），呈透明状。冷却淀粉糊至85℃以下，用2%盐酸溶液与2%氢氧化钠溶液调pH值至6.0左右，添加0.2%液化型α-淀粉酶（先溶于蒸馏水中，再倒入糊化的淀粉中）与0.2%氯化钙溶液（作为酶的激活剂及酶活稳定剂），使温度保持在80℃（水浴摇床），先液化30min，然后把玉米淀粉液化液煮沸10min，再冷却到85℃以下，再加入0.3% α-淀粉酶液化30min，碘液检验不变色，证明液化完全。搅拌20min使其充分液化。液化完全后，将液化样液煮沸10min，灭酶。

按照上述方法制备8组液化样液，调pH值至5.0左右，加入0.1%糖化酶和1%麸皮。然后选其中3组样液，将其温度降到60℃，恒温糖化5h、10h、15h，糖化完成后将其煮沸灭酶，待用；取4组样液，将其温度调整为50℃、55℃、65℃、70℃，恒温糖化10h，糖化完成后将其煮沸灭酶，待用；剩余1组用作对照。将上述8组液化样液作为不同DE值的待测样液（玉米淀粉糖浆），进行DE值、甜度、黏度测定。

2. 糖化程度（DE值）的测定

1）费林试剂标定：先吸取费林试剂甲液5.0mL，置于150mL锥形瓶中，加水20mL，加入玻璃珠3粒，预先滴加24mL葡萄糖标准溶液，放置在电炉上，控制在2min

内加热至沸腾，并保持微沸。加 2 滴次甲基蓝指示液，继续滴加葡萄糖标准溶液，直至溶液蓝色刚好消失为终点。滴定操作应在 3min 内完成。记录消耗葡萄糖标准溶液的体积，同时平行操作 3 份，取其平均值，并做空白试验。计算出每 10mL（甲液、乙液各 5mL）费林试剂溶液相当于葡萄糖的质量（RP），单位为 g，计算公式如下：

$$RP=c(V_1-V_0)$$

式中　RP——10mL（甲液、乙液各 5mL）费林试剂溶液相当于葡萄糖的质量，g；

c——葡萄糖标准溶液浓度，g/mL；

V_1——试样消耗葡萄糖标准溶液的总体积，mL；

V_0——空白消耗葡萄糖标准溶液的总体积，mL。

2）样品溶液的测定

① 样液的制备：称取一定量的样品，精确到 0.0001g（取样量以每 100mL 样液含有还原糖量 125～250mg 为宜）。置于 50mL 小烧杯中，加热水溶解后全部移入 250mL 容量瓶中，冷却至室温。加水稀释至刻度，摇匀备用。

② 滴定：先吸取费林试剂甲液 5.0mL，再吸取费林试剂乙液 5.0mL，置于 150mL 锥形瓶中，加水 20mL，并加入玻璃珠 3 粒，预先滴加一定量的样液（加入量依据每个样品的预实验而定），放置在电炉上，控制在 2min 内加热至沸腾，并保持微沸。加 2 滴次甲基蓝指示剂，继续滴加样液，直至溶液蓝色刚好消失为终点。滴定操作应在 3min 内完成。记录消耗样液的体积，同时平行操作 3 份，取其平均值，并做空白试验。样品 DE 值按下式计算：

$$X=\frac{RP}{m\times\frac{V_2-V_0}{250}DMC}\times 100$$

式中　X——DE 值，即样品中葡萄糖当量值（样品中还原糖占干物质的百分数）；

RP——10mL（甲液、乙液各 5mL）费林试剂溶液相当于葡萄糖的质量，g；

m——称取样品的质量，g；

V_2——消耗样液的总体积，mL；

V_0——空白消耗样液的总体积，mL；

DMC——样品干物质（固形物）的质量分数，%。

3. 甜度的测定

1）可溶性固形物（糖度/甜度）含量：用糖度计直接测定。

2）比甜度：采用感官评定法。操作步骤如下：分别取不同 DE 值的玉米淀粉溶液 1mL 于试管中，再分别加入 9mL 水，用感官法分析其甜度，并以 10%的蔗糖水溶液在 20℃的甜度为基准，记录各 DE 值的玉米淀粉溶液的甜度。

4. 黏度的测定

1）称样：称取 5.0g 不同 DE 值的玉米淀粉糖化样液，精确至 0.1g。将样品置 250mL 四口烧瓶中后，加入水，使样品的干基固形物浓度达到设定浓度。

2）旋转黏度计及淀粉乳液的准备：按所规定的旋转黏度计的操作方法进行校正调零，并将仪器测定筒与恒温水浴装置相连，打开水浴装置，将装有淀粉乳液的四口烧瓶放入恒温水浴中，在烧瓶上装上搅拌器、冷凝管和温度计，盖上取样口，打开冷凝水和搅拌器。

3）测定：将测定筒和淀粉乳液的温度通过恒温装置分别同时控制在45℃、50℃、60℃、70℃、80℃、90℃、95℃。在恒温装置达到上述每个温度时，从四口烧瓶中吸取淀粉乳液，加入到旋转黏度计的测量筒内，测定黏度，读取各个温度时的黏度值。

五、结果记录

将上述测定的实验结果，记录于表6-2中，并作图观察。

表6-2　玉米淀粉的糖化程度对其甜度、黏度的影响

糖化程度		黏度							甜度	
糖化条件	DE值	45℃	50℃	60℃	70℃	80℃	90℃	95℃	糖度/°Bx	比甜度
对照										
60℃,5h										
60℃,10h										
60℃,15h										
50℃,10h										
55℃,10h										
65℃,10h										
70℃,10h										

六、实验注意事项

1. 玉米淀粉糖化程度受糖化温度与时间影响很大，通过改变糖化温度与时间可改变玉米淀粉的糖化程度，糖化程度的不同也会影响玉米淀粉糖浆的甜度与黏度。本实验在固定糖化酶用量的基础上，通过选择不同糖化温度及不同糖化时间来改变玉米淀粉糖浆的DE值，同时考察不同DE值对糖浆甜度与黏度的影响。

2. 本实验为探索性综合实验，实验设计中影响因素、参数及测定方法与条件等，均可根据所查阅相关文献进行调整，以期增加实验的准确性与验证性。

七、实验思考题

1. 简述在实验过程中观察到的现象与体会，思考玉米淀粉酶法制糖浆工艺的改进措施，并思考糖化程度、甜度及黏度的测定方法有何改进建议或替代的方法？

2. 除糖化程度外，哪些因素还会对淀粉糖化后甜度及黏度有影响？

实验6-3　油脂过氧化值及酸价的测定（滴定法）

一、实验目的

掌握油脂过氧化值及酸价的测定方法。深入理解影响油脂氧化速度的因素。

二、实验原理

脂肪氧化的初级产物是氢过氧化物ROOH，因此通过测定脂肪中氢过氧化物的量，可以评价脂肪的氧化程度。同时脂肪氧化的初级产物ROOH可进一步分解，产生小分子的醛、酮、酸等，因此酸价也是评价脂肪变质程度的一个重要指标。本实验通过油脂在不同条件下贮藏，并定期测定其过氧化值和酸价，了解影响油脂氧化的主要因素。与空白和添加抗氧化剂的油样品进行比较，观察抗氧化剂的性能。

实验中过氧化值的测定采用碘量法，即在酸性条件下，脂肪中的过氧化值与过量的KI反应生成 I_2，用 $Na_2S_2O_3$ 滴定生成的 I_2，求出每千克油中所含过氧化物的物质的量(mmol)，称为脂肪的过氧化值（POV）。

酸价的测定是利用酸碱中和反应，测出脂肪中游离酸的含量。油脂的酸价以中和1g脂肪中游离酸所需消耗的氢氧化钾的质量（mg）表示。

三、实验器材

1. 试剂

1）丁基羟基甲苯（BHT）。

2）0.01mol/L $Na_2S_2O_3$：用标定的0.01mol/L $Na_2S_2O_3$稀释而成。

3）氯仿-冰乙酸混合液：取氯仿40mL，加冰乙酸60mL，混匀。

4）饱和碘化钾溶液：取碘化钾10g，加水5mL，贮于棕色瓶中，如发现溶液变黄，应重新配制。

5）0.5%淀粉指示剂：500mg淀粉加少量冷水调匀，再加一定量沸水（最后体积约为100mL）。

6）0.1mol/L 氢氧化钾（或氢氧化钠）标准溶液。

7）中性乙醚-95%乙醇（2∶1）混合溶剂：临用前用0.1mol/L碱液滴定至中性。

8）1%酚酞乙醇溶液。

2. 器材用具

小广口瓶（40mL）6个（应保证规格一致，并干燥）、恒温箱（控温60℃）、天平、滴定管、三角瓶等。

3. 试材

未添加抗氧化剂的油脂。

四、操作步骤

1. 油脂的氧化

在干燥的小烧杯中，将120g油分为二等份，向其中一份加入0.012g BHT，两份油脂作同样程度的搅拌至加入的BHT完全溶解。向三个广口瓶中各装入20g未添加BHT的油脂，另三个中各装入20g已添加BHT的油脂，按表6-3所列编号存放，一周后测定过氧化值和酸价。

表 6-3

室温光照	1	未添加 BHT 的油脂
	2	添加 BHT 的油脂
室温避光	3	未添加 BHT 的油脂
	4	添加 BHT 的油脂
60℃	5	未添加 BHT 的油脂
	6	添加 BHT 的油脂

2. 过氧化值的测定

称取2g（准确至0.01g）油脂置于干燥的250mL碘量瓶底部，加入20mL氯仿-冰乙酸混合液，轻轻摇动使油溶解，加入 1mL 饱和碘化钾溶液，摇匀，加塞，置暗处放置 5min。取出立即加水 50mL，充分摇匀，用 0.01mol/L $Na_2S_2O_3$滴定至水层呈淡黄色，加入 1mL 淀粉指示剂，继续滴定至蓝色消失，记下体积 V。

3. 酸价的测定

称取油脂 4g（准确至 0.01g）于 250mL 的锥形瓶中，加入中性乙醚-乙醇混合液 50mL，小心旋转摇动烧瓶使试样溶解，加入三滴酚酞指示剂，用 0.1mol/L 碱液滴定至出现微红色在 30s 不消失，记下消耗碱液体积（V，mL）。

五、结果计算

1. 过氧化值（POV）

$$\text{POV}=\frac{N\times V\times 1000}{W}\quad (\text{mmol/kg 油})$$

式中 N——$Na_2S_2O_3$溶液浓度，mol/L；

V——消耗 $Na_2S_2O_3$溶液体积，mL；

W——称取油脂质量，g。

2. 酸价

$$\text{酸价}=\frac{N\times V\times 56.1}{W}\quad (\text{mg KOH/g 油})$$

式中 N——氢氧化钾的浓度，mol/L；

V——消耗氢氧化钾溶液的体积，mL；

56.1——氢氧化钾的摩尔质量，mmol；

W——称取油脂质量，g。

六、实验注意事项

1. 本实验需在两个单元时间进行，第一次做操作步骤之一，并熟悉过氧化值、酸价测定方法，测定实验油脂的起始过氧化值和酸价。
2. 气温低时，第二次的实验可在油脂贮放两周后进行。
3. 滴定过氧化值时，应充分摇匀溶液，以保证 I_2被萃取至水相中。

七、实验思考题

1. $Na_2S_2O_3$用什么标定？怎么标定？
2. KOH 用什么标定？怎么标定？
3. 在酸价和过氧化值测定过程中，滴定液的体积过少会有什么影响？有什么改进方法？

实验 6-4 猪肉肌红蛋白颜色变化影响因素分析

一、实验目的

通过感官评价分析温度、盐浓度对肌红蛋白稳定性的影响，了解肉的颜色反应过程及影响因素。

二、实验原理

动物体内红色素主要有肌红蛋白和血红蛋白两种，其中肌肉中以肌红蛋白为主，主要负责接收毛细血管中的氧，并将其扩散到细胞组织。肌红蛋白由球蛋白分子和血红素组成，血红素又由带 6 个配位键的中心铁原子组成，其中 4 个配位键在一个平面上，分别与一分子卟啉环上的氮原子相结合。另 2 个配位键在垂直于此平面的位置上，其中 1 个与珠蛋白的组氨酸相连，而另一个则可以和不同的配位基结合。连接在这 6 个配位键上的分子形式，以及铁原子的氧化还原状态决定了肉品的颜色。肌红蛋白有 3 种存在形式，分别是脱氧肌红蛋白（Mb）、氧合肌红蛋白（MbO_2）和高铁肌红蛋白（MetMb），三者的相对含量决定了肉的色泽。作为辅基的血红素非共价地结合于肌红蛋白分子的疏水空穴中，血红素中央的 Fe^{2+} 可以结合一个氧分子，同时肌红蛋白的构象也发生了变化。通常情况下，O_2 分子与 Fe^{2+} 紧密接触能使二价亚铁离子氧化成三价铁离子，游离的亚铁血红素很容易被氧化成高铁血红素。但是在肌红蛋白分子内部的疏水环境中血红素 Fe^{2+} 则不易被氧化，当结合 O_2 时发生暂时性电子重排，氧被释放后铁仍处于亚铁态，能与另一氧分子结合，这主要是多肽微环境保护血红素铁免遭氧化。在这种情况下，肌红蛋白为氧合肌红蛋白。如被氧化成 Fe^{3+} 时为氧化肌红蛋白，导致肌肉颜色发生变化，由鲜红色变为暗红色，再变为红褐色。主要原因是肌红蛋白为暗紫色，氧合肌红蛋白为鲜红色，氧化肌红蛋白为红褐色。当肌肉中的氧化肌红蛋白超过 50% 时，肌肉的颜色变为红褐色。影响高铁肌红蛋白产生的因素有以下几个方面：肌肉的贮藏温度和 pH 值、氧分压的大小、氧化物质的产生和宰后微生物侵染等。

三、实验器材

1. 实验材料

新鲜猪肉、氯化钠等。

2. 器材用具

电子天平、烘箱、紫外可见分光光度计等。

四、操作步骤

1. 感官评定

取一块新鲜猪肉，进行颜色感官评定，每隔 2～3h 评定一次，并记录颜色，按表 6-4 评分。

表 6-4 猪肉颜色评分标准

颜色	灰白色	淡粉红色	粉红色	深红色	紫红色	暗红色
分值	1.0	2.0	3.0	4.0	5.0	6.0

2. 氯化钠对猪肉肌红蛋白稳定性的影响

1）全部肉样均为纯瘦肉，用不锈钢刀修整后，在室温下用绞肉机绞成肉糜，取定量的肉糜于室温下高速匀浆 20s，分为 3 组，每份取 2g 置于 100mL 烧杯中。

2）取 20mL 的 0.04mol/L、pH6.8 的磷酸钠缓冲溶液，称取相应量的氯化钠固体 0.4g、0.8g、1.2g 溶解于缓冲液中（氯化钠的含量分别为 2%、4%、6%）。依次向每组肉样中倒入溶有不同量氯化钠的磷酸钠缓冲液，搅拌使肉糜均匀地混合于磷酸钠缓冲溶液中，烧杯用保鲜膜封口，以减少肉糜水分挥发，快速将装有肉样的烧杯在冰水浴中放置 1h 后，置于 0～4℃的冰箱中保存。

3）放置 3～4h 后过滤，取抽提液进行光谱扫描，分析氯化钠对于肉色稳定的影响。

3. 温度对猪肉肌红蛋白稳定性的影响

1）全部肉样均为纯瘦肉，用不锈钢刀修整后，在室温下用绞肉机绞成肉糜，取定量的肉糜于室温下高速匀浆 20s，分为 4 组，每份取 2g 置于 100mL 烧杯中。

2）取 20mL 的 0.04mol/L、pH6.8 的磷酸钠缓冲溶液，依次加入每组肉样，搅拌使肉糜均匀地混合于磷酸钠缓冲液中，烧杯用保鲜膜封口，以减少肉糜水分挥发。准备水浴锅，将温度调至需要的温度（30℃、40℃、50℃和 60℃），将烧杯置于水浴锅中 20min，10min 后搅拌一次使肉糜受热均匀。

3）过滤，取抽提液进行光谱扫描，分析温度对于肉色稳定的影响。

五、实验思考题

1. 为何猪肉放置过程中颜色会发生变化？
2. 常见影响猪肉颜色的因素有哪些？

实验 6-5　食品香气形成实例

一、实验目的

了解食品香气形成的主要途径。

二、实验原理

在食品加工中，糖类和氨基酸是形成香气的主要前驱体，糖和氨基酸加热发生美拉德反应和降解反应，不仅形成棕黑色的色素，而且还伴随着形成多种香气物质。如葡萄糖或五碳糖与精氨酸溶液在 100℃加热，产生爆玉米花香气；葡萄糖或五碳糖与谷氨酸溶液在 100℃加热，产生巧克力香气；葡萄糖或五碳糖与亮氨酸溶液在 100℃加热，产生甜巧克力香气；糖与半胱氨酸或胱氨酸在 100℃加热反应，产生肉香气。加热温度、时间不同或糖、氨基酸的组成不同，含量不同，产生香气亦不同。

许多食品在焙烤时，如芝麻、花生，产生强烈香气，主要是按 Strecker 降解反应机制形成醛和烯醇胺，进行环化形成吡嗪类化合物。

三、实验器材

1. 试剂

10%葡萄糖，10%阿拉伯糖或木糖，5%谷氨酸，5%精氨酸，5%亮氨酸，5%L-半胱氨酸溶液。

2. **器材用具**

烧杯、移液管、电炉、炒锅或蒸发皿。

3. **试材**

花生、芝麻。

四、操作步骤

1. 取 250mL 烧杯 4 只，分别加 5%谷氨酸、5%精氨酸、5%亮氨酸、5%L-半胱氨酸溶液 5mL，再分别加 10%葡萄糖溶液 2mL，于电炉上加热，搅拌至微沸后，辨别并记录其香气。

用五碳糖代替六碳糖，同样操作一次，记录香气类型，讨论香气机制并辨别香气的异同点。

2. 取花生或芝麻 50g，在炒锅或蒸发皿上焙烤，记录香气并讨论各自产生哪些主要香气成分与机理。

五、实验思考题

1. 食品加工香气形成的途径有哪些？各举 1 例说明香气形成机制。

2. 花生焙烤中有哪些香气成分形成？说明其反应机制。

实验 6-6 热处理温度对果汁中维生素 C 的影响

一、实验目的

1. 研究热处理温度对果汁中维生素 C 的影响。

2. 掌握用 2,6-二氯酚靛酚滴定法测定还原性维生素 C 含量的原理及方法。

二、实验原理

维生素 C 是日常饮料的基本营养物质，但是食物在加工、包装和储存期间，受热或者暴露在氧气中，其中的维生素 C 就容易被氧化破坏。美国食品与药品管理局要求把维生素 C 含量列在食物营养标签中，但维生素 C 的不稳定使得难以在营养标签中确定其确切的含量。

果汁中维生素 C 含量测定的法定方法是 2,6-二氯酚靛酚滴定法（AOAC 方法 967.21）。虽然这种方法对其他种类的食品来说，不是法定方法，但可以作为许多食品的快速、可靠的质量控制分析方法，而不需采用费时的显微荧光测定法（AOAC 方法 984.26）。

在中性和碱性条件下，氧化型 2,6-二氯酚靛酚染料为蓝色；在酸性条件下，氧化型 2,6-二氯酚靛酚染料为红色，还原型 2,6-二氯酚靛酚为无色。在酸性条件下，用氧化型 2,6-二氯酚靛酚染料滴定果汁样品中还原型维生素 C，则氧化型 2,6-二氯酚靛酚（红色）被还原为还原型 2,6-二氯酚靛酚（无色），而还原型维生素 C 还原 2,6-二氯酚靛酚后，本身被氧化成脱氢维生素C。当还原型维生素C被完全氧化后，多余半滴氧化型2,6-二氯酚靛酚（红色）即使溶液呈红色。所以，当溶液由无色变为红色那一刻即为滴定终点。在没有杂质干扰时，一定量的果汁样品还原标准2,6-二氯酚靛酚的量与果汁样品中所含维生素C的量成正比。

三、实验器材

1. 试剂

所有试剂均为分析纯，水为蒸馏水。

1）1g/100mL草酸溶液：2.5g草酸溶于250mL水中。

2）维生素C标准溶液：准确称取20mg维生素C，用1g/100mL草酸溶液定容至100mL，混匀，置冰箱中保存。使用时吸取上述维生素C标准溶液5mL，用1g/100mL草酸溶液定容至50mL。此标准使用液相当于0.02mg维生素C/mL。

也可用下法标定：吸取标准使用液5mL于三角烧瓶中，加入6g/100mL碘化钾溶液0.5mL、1g/100mL的淀粉溶液3滴，使用微量滴定管，用0.001mol/L KIO_3标准溶液滴定，终点为淡蓝色。计算如下：

$$维生素C浓度(mg/mL)=\frac{V_1\times 0.088}{V_2}$$

式中　V_1——滴定时所消耗0.001mol/L KIO_3标准溶液的量，mL；

V_2——所取维生素C的量，mL；

0.088——1mL 0.001mol/L KIO_3标准溶液相当于维生素C的量，mg/mL。

3）2,6-二氯酚靛酚溶液：称取碳酸氢钠52mg，溶于200mL沸水中，然后称取2,6-二氯酚靛酚50mg，溶解在上述碳酸氢钠的溶液中，待冷，置于冰箱过夜，次日过滤，定容至250mL，摇匀，然后贮于棕色瓶中并冷藏，使用前标定。

标定方法：取5mL已知浓度的维生素C标准溶液，加入5mL 1g/100mL草酸溶液，摇匀，用2,6-二氯酚靛酚溶液滴定至溶液呈粉红色于15s不褪色为止。计算如下：

$$滴定度(T)=(c\times V_1)/V_2$$

式中　c——维生素C的浓度，mg/mL；

V_1——取维生素C的体积，mL；

V_2——消耗2,6-二氯酚靛酚溶液的体积，mL。

4）0.001mol/L KIO_3标准溶液：精确称取KIO_3 0.3568g（KIO_3预先在105℃烘2h，在干燥器中冷却备用），定容至1L，得到0.01mol/L KIO_3溶液。再稀释10倍即为0.001mol/L标准溶液。

5）1g/100mL淀粉溶液：称取1g可溶性淀粉，溶于沸水，冷却加水至100mL。

6）6g/100mL碘化钾溶液：6g碘化钾溶于100mL水中。

2. 器材用具

烧杯、容量瓶、量筒、滴定管、水浴锅等。

3. 试材

果汁。

四、操作步骤

1. 实验设计

将果汁在 60℃、70℃、80℃、90℃、100℃水浴中加热 30min，以未处理的果汁为对照，测定它们中还原型维生素 C 的含量，观察还原型维生素 C 含量的变化规律，从而了解热处理温度对果汁中还原型维生素 C 含量的影响。

2. 实验主要操作步骤

1）吸取 10mL 未经加热处理果汁（含维生素 C 1～6mg），用 1g/100mL 草酸溶液定容至 100mL，摇匀。吸取 10mL 在 60℃、70℃、80℃、90℃、100℃水浴中加热 30min 的果汁，用 1g/100mL 草酸溶液定容至 100mL，摇匀。

2）将果汁样液过滤，若果汁样液具有颜色，用白陶土（应选择脱色力强但对维生素 C 无损失的白陶土）脱色，然后迅速吸取 5.0mL 果汁滤液和 5.0mL 1g/100mL 草酸溶液，置于 50mL 三角烧瓶中，用标定的 2,6-二氯酚靛酚溶液滴定，直至溶液呈粉红色于 15s 内不褪色为止。用 1g/100mL 草酸溶液代替果汁样液做空白试验。

五、结果计算

1. 数据记录

实验数据记录表如表 6-5、表 6-6、表 6-7。

表 6-5　维生素 C 使用液标定记录表

平行试验	V_1/mL	V_2/mL	维生素 C 浓度/(mg/mL)	平均维生素 C 浓度/(mg/mL)
1				
2				
3				

表 6-6　2,6-二氯酚靛酚溶液标定记录表

平行试验	V_1/mL	V_2/mL	平均维生素 C 浓度/(mg/mL)	T	平均 T
1					
2					
3					

表 6-7　热处理温度对果汁中还原型维生素 C 含量影响记录表

温度	V_0/mL	V_1/mL	V_2/mL	F	平均 T	维生素 C/(mg/100mL)
未加热						
60℃						
70℃						
80℃						
90℃						
100℃						

2. **结果计算**

结果按下式计算：

$$维生素\ C(mg/mL)=(V_1-V_0)\times T\times F\times 100/V_2$$

式中 V_1——滴定果汁样液消耗2,6-二氯酚靛酚溶液的体积，mL；

V_0——滴定空白液消耗2,6-二氯酚靛酚溶液的体积，mL；

T——1mL 2,6-二氯酚靛酚溶液相当于维生素C标准溶液的量，mg；

F——果汁定容时的稀释倍数；

V_2——滴定时所取的果汁滤液的体积，mL。

六、实验思考题

1. 此法能否用于测定食品中维生素C的总量？
2. 维生素C标准溶液使用前为何必须进行标定？

实验 6-7 高甲氧基果胶酯化度的测定

一、实验目的

掌握高甲氧基果胶酯化度的测定方法。

二、实验原理

果胶因有良好的增稠、胶凝作用，国内外已广泛用于食品、医药等许多行业。通常根据果胶分子链中半乳糖醛酸甲酯化比例的高低，将果胶划分为低酯果胶（甲氧基含量小于7%）和高酯果胶（甲氧基含量大于7%）。由于两类果胶分子结构上的差异，其果胶的性质、凝胶机理差异很大，因此具体使用方法也不一样。

高甲氧基果胶中一半以上的羧基发生甲酯化（以$—COOCH_3$形式存在），剩余羧基以游离酸（—COOH）及盐（$—COO^-Na^+$）形式存在。首先将盐形式的$—COO^-Na^+$转换成游离羧基，用碱溶液滴定计算出果胶中游离羧基的含量，即为果胶的原始滴定度。然后加入过量碱将果胶皂化，将果胶分子中的$—COOCH_3$转换成—COOH，可测得甲酯化的羧基的量。由游离羧基及甲酯化羧基的量可计算果胶的酯化度。

三、实验器材

1. **试剂**

60%异丙醇，无水乙醇，0.02mol/L和0.5mol/L氢氧化钠标准溶液，0.5mol/L盐酸标准液，1%酚酞乙醇溶液，硝酸银溶液。

2. **器材用具**

天平，锥形瓶，滴定管，烧杯，砂芯漏斗，烘箱。

四、操作步骤

1. 准确称取0.500g高甲氧基果胶于烧杯中，加入一定量的混合试剂，不断搅拌

10min，移入砂芯漏斗中，用6份混合试剂洗涤，每次15mL左右，而后以60%异丙醇洗涤样品，至滤液不含氯化物（可用硝酸银溶液检验）为止。最后，用20mL 60%异丙醇洗涤，移入105℃烘箱中干燥1h，冷却后称重。

2. 称取1/10经冷却的样品，移入250mL锥形瓶中，用2mL乙醇湿润，加入100mL不含二氧化碳的水，用瓶塞塞紧，不断转动，使样品溶解。加入2滴酚酞指示剂，用0.02mol/L氢氧化钠标准溶液滴定，记录所消耗氢氧化钠的体积（V_1），即为原始滴定度。向样液中继续加入20.00mL的0.5mol/L的氢氧化钠标准溶液，加塞后剧烈振摇15min，加入20.00mL的0.5mol/L盐酸标准液（等物质的量），振摇至粉红色消失为止，然后加入3滴酚酞指示剂，用0.02mol/L氢氧化钠标准液滴定至微红色。记录消耗的氢氧化钠标准液的体积（V_2），即为皂化滴定度。

五、结果计算

$$高甲氧基果胶的酯化度(\%)=\frac{V_2}{V_1+V_2}\times 100$$

式中 V_1——样品溶液的原始滴定度，mL；

V_2——样品溶液的皂化滴定度，mL。

实验6-8 葡萄皮中花青素的测定及稳定性研究

一、实验目的

掌握分光光度法测定葡萄皮中花青素含量的原理与方法。了解花青素的性质，掌握影响花青素颜色变化的主要因素，从而在加工过程中利用花青素的这些特性为生产实践服务。

二、实验原理

花青素又称花色素，是自然界一类广泛存在于植物中的水溶性天然色素，属类黄酮化合物，也属于多酚类物质。花青素溶于水、甲醇、乙醇、丙二醇，不溶于油脂，色调随pH值而变化（酸性时呈红至紫红色，碱性时呈暗蓝色，铁离子存在下呈暗紫色）。从葡萄皮中分离出的花青素晶体多为针形，它的提取浓缩物是红至暗紫色液、块、粉末状或糊状物质。深色花青素有两个吸收波长范围，一个在可见光区，波长为465～560nm；另一个在紫外光区，波长为270～280nm。花青素颜色深浅与花青素含量成比例，利用比色法即可进行测定。

花青素和花色苷的化学性质不稳定，常常因环境条件的变化而改变颜色，影响变色的条件主要包括pH值、氧化剂、酶、金属离子、糖、温度、防腐剂和光照等。

三、实验器材

1. 试剂

所用水为去离子水或同等纯度的蒸馏水。盐酸、无水乙醇、NaOH、$FeCl_3$、$ZnSO_4$、$CaCl_2$均为分析纯。葡萄糖、果糖、蔗糖、维生素C、苯甲酸钠均为食品级。

2. **器材用具**

试管、坩埚、电炉、分光光度计、酸度计。

3. **试材**

葡萄皮。

四、操作步骤

1. **样品处理**

1）葡萄皮中花色素的完全提取：称取葡萄皮 1g，加液氮研磨成粉末，加入 1%盐酸-甲醇提取液 10mL，室温下于暗处浸提 2 次，每次 2～3h，合并滤液。

2）葡萄皮中花色素的水提取液制备：称取葡萄皮 1g，加液氮研磨成粉末，加入 pH2 的去离子水（用盐酸调节）10mL，室温下于暗处浸提 1h，过滤，用去离子水（用盐酸调 pH 值至 2.0）洗涤 3 次，合并滤液定容至 50mL。

2. **葡萄皮花青素光谱特性测定**

利用葡萄皮花青素的盐酸-无水乙醇提取液及水提取液在 400～600nm 波长范围内测定吸光度值，绘制其特征吸收光谱曲线。

3. **葡萄皮花青素化学稳定性测定**

获得花青素提取液，通过真空旋转蒸发仪浓缩至膏状（30℃加热），加去离子水稀释成一定浓度，并调节 pH 值至 2；以此溶液为试样，研究 pH 值、外界光照、温度、金属离子（Fe^{3+}、Zn^{2+}、Ca^{2+}）、糖类（葡萄糖、果糖、蔗糖）、维生素 C、食品添加剂苯甲酸钠等因素对花青素化学稳定性的影响。

1）pH 值对葡萄皮花青素稳定性的影响：溶液用 1mol/L HCl 和 0.1mol/L NaOH 溶液调节 pH 值 2～12，过 30min 后测定溶液吸光度值（由于加入盐酸和氢氧化钠水溶液的量很少，色素溶液的浓度变化及由浓度变化导致的吸光度改变忽略不计）。

2）光照对花青素稳定性的影响：试验进行期间应天气晴朗。将光照分为室内自然光、室外阳光和室内避光。室内自然光放置在白天室内不遮光处，晚上不进行任何光照；室外阳光下放置时间为 8:00 至 16:00。将色素溶液装入密闭的无色透明玻璃试管中，定时观察色素溶液颜色变化并测定其吸光度。

3）温度对花青素稳定性的影响：在 20℃、40℃、60℃、80℃、100℃条件下（对照温度为室温 25℃），将色素溶液用密闭试管加热 30min，加热完后放在不同光照条件下，隔一定时间测定溶液吸光度值。溶液加热后要补充因蒸发损失的水分。

4）金属离子对色素稳定性的影响：色素溶液中分别加入 0.005g/mL、0.01g/mL、0.015g/mL、0.02g/mL 浓度的 $FeCl_3$、$ZnSO_4$、$CaCl_2$，以蒸馏水作对照，将色素溶液用密闭试管置于室内自然光下 60h，隔 12h 测定一次溶液吸光度值。

5）糖类对花青素稳定性的影响：色素溶液中分别加入 0.01g/mL、0.05g/mL、0.1g/mL、0.15g/mL、0.2g/mL 的果糖、蔗糖、葡萄糖，以试剂空白的色素溶液作对比，将色素溶液用密闭试管在室内自然光下放置 60h，每隔 12h 测定一次溶液吸光度值。

6）维生素 C 对花青素稳定性的影响：色素溶液中分别加入 2g/mL、4g/mL、10g/mL、15g/mL、20g/mL 维生素 C（不宜在室内自然光下放置太长时间），将色素溶液用密闭试管在室内自然光下放置4h，每隔0.5h测定一次溶液吸光度值。

7）苯甲酸钠对花青素稳定性的影响：色素溶液中分别加入0.5g/mL、1g/mL、1.5g/mL、2g/mL、3g/mL苯甲酸钠，以试剂空白的色素溶液作对照，将色素溶液用密闭试管在室内自然光下放置60h，每隔12h测定一次溶液吸光度值。

以上试验都是在花青素水提取液最大吸收波长处测定溶液吸光度值，每处理设3个重复。

五、结果计算

1. 葡萄皮中花青素含量按下式计算：

$$花青素含量(mg/g)=A\times V\times 1000\times 449.38/(29600\times d\times m)$$

式中 A——最大吸收波长处吸光度值；

V——定容体积，L；

1000——g换算成mg扩大的倍数；

449.38——矢车菊-3-O-葡萄糖苷的摩尔质量，g/mol；

29600——矢车菊-3-O-葡萄糖苷的浓度比吸收系数，L/(mol·cm)；

d——比色杯光径，cm；

m——葡萄皮质量，g。

2. 列表记录以上各种处理花青素的颜色变化。

六、实验注意事项

1. 酸度计应按仪器说明书校正。
2. 反应试管应用清洁剂浸泡24h，彻底洗涤干净。
3. 色素溶液应用密闭试管放置。

七、实验思考题

1. 样品处理时影响花青素含量的因素有哪些？
2. 为什么花青素提取溶液要用密闭试管放置？
3. 根据反应机理讨论如何在食品加工中提高花青素的稳定性。

实验6-9 酶的底物专一性

一、实验目的

掌握鉴别还原糖产生的方法，加深对酶的底物专一性的认识。

二、实验原理

酶的高度专一性是指一种酶只能作用于某一类或者某一种特定的反应。酶的高度专一性是酶与非生物催化剂最大的区别，它保证了生物体内的新陈代谢活动能够有条不紊地进行，从而维持了生物体的正常生命活动。根据酶对底物专一性的程度，可以将酶的专一性分成绝对专一性、相对专一性和立体化学专一性 3 种类型。

实验以蔗糖酶（来源于酵母）及唾液淀粉酶对蔗糖和淀粉的作用为例，来说明酶作用的专一性。

蔗糖和淀粉是非还原糖，但在淀粉酶的作用下，淀粉很容易水解成糊精及少量麦芽糖、葡萄糖，使之具有还原性；在同样的条件下，淀粉酶不能催化蔗糖的水解。蔗糖酶能催化蔗糖生成具有还原性的葡萄糖和果糖，但不能催化淀粉水解。可以利用碱性硫酸铜的显色反应检验还原性糖。常用的检测单糖还原性的试剂有两种：费林试剂和 Benedict（本尼迪克特）试剂。两者均是含有 Cu^{2+} 的碱性溶液，能使还原糖的自由醛基或酮基氧化，自身则被还原成砖红色或黄色的 Cu_2O 沉淀，可用于鉴定可溶性还原糖的存在。本实验拟采用 Benedict 试剂检验糖的还原性。

三、实验器材

1. 试剂

2%蔗糖溶液。

溶于 0.3%氯化钠的 1%可溶性淀粉溶液：称取可溶性淀粉 1g、氯化钠 0.3g，加 10mL 蒸馏水搅成糊状，倾入 90mL 预先煮沸的蒸馏水中，搅拌均匀，再煮沸 2～3min，冷却后定容至 100mL。此溶液需新鲜配制。

Benedict 试剂：将 17.3g 结晶硫酸铜溶解于 50mL 蒸馏水中，另将 173g 柠檬酸钠及 100g 碳酸钠溶解于 800mL 蒸馏水中，加热，搅拌使之溶解，冷却后将上述硫酸铜溶液缓缓倾入柠檬酸钠-碳酸钠溶液中，混匀，最后用蒸馏水定容至 1L，如产生沉淀，需要过滤。此试剂可长期保存。

唾液淀粉酶溶液：实验者用蒸馏水漱口 1min，漱口水收集至烧杯中，用脱脂棉滤取渣屑，稀释至 100mL。

蔗糖酶溶液：取适量干酵母 100g，置于研钵内，加少量细砂及 50mL 蒸馏水，用力研磨提取约 1h，再加蒸馏水使总体积为 500mL 左右，过滤。滤液保存于冰箱内备用。

2. 器材用具

试管及试管架，恒温水浴锅，漏斗，脱脂棉，烧杯，移液管，滴管等。

四、操作步骤

1. 糖还原性的检测

取 2 支试管，编号后各加入 Benedict 试剂 2mL，再分别加入 1%可溶性淀粉溶液和 2%蔗糖溶液各 4 滴，混合均匀后，放在沸水浴中煮 2～3min，观察有无红色沉淀产生。纯净的淀粉和蔗糖应无红黄色沉淀产生。

2. 唾液淀粉酶的专一性试验

取 3 支试管，编号后分别加入 1%可溶性淀粉溶液 3mL、2%蔗糖溶液 3mL 和蒸馏水 3mL，再各加入唾液淀粉酶溶液 1mL，混匀，放入 37℃恒温水浴中保温，反应 15min 后取出，各加 Benedict 试剂 2mL，摇匀，放入沸水浴中煮 2～3min，观察有无红黄色沉淀产生。

3. 蔗糖酶的专一性试验

取 3 支试管，编号后分别加入 1%可溶性淀粉 3mL、2%蔗糖溶液 3mL 和蒸馏水

3mL，再各加入蔗糖酶溶液 1mL，混匀，放入 37℃恒温水浴中保温，反应 10min 后取出，各加 Benedict 试剂 2mL，摇匀，放入沸水浴中煮 2～3min，观察有无红黄色沉淀产生。

五、实验思考题

1. 酶的专一性分为哪几类？
2. 在配制 1%可溶性淀粉溶液时，为什么要加入氯化钠？

实验 6-10　紫外分光光度法测定啤酒中双乙酰的含量

一、实验目的

1. 了解实验条件对测定结果的影响。
2. 掌握紫外可见分光光度法测定啤酒中双乙酰含量的原理与方法。

二、实验原理

邻苯二胺与双乙酰反应，生成物的盐酸盐在 335nm 波长下有一最大吸收值，可对双乙酰进行定量测定。

三、实验器材

1. 试剂

1）10g/L 邻苯二胺溶液：准确称取 0.5g 邻苯二胺，溶于 4mol/L HCl 溶液中，并以 4mol/L HCl 溶液定容至 50mL，贮存于棕色瓶中。本试剂应当天配制。

2）4mol/L HCl 溶液：量取 34mL 浓盐酸，用水稀释至 100mL。

3）消泡剂：有机硅消泡剂或甘油聚醚。

2. 器材用具

紫外可见分光光度计，蒸馏装置等。

3. 试材

啤酒。

四、操作步骤

1. 蒸馏

于 25mL 量筒内加约 2.5mL 水，置于冷凝器下，使冷凝器下段浸入水中。量取未除气的啤酒 100mL，加 2～4 滴消泡剂，迅速加入已预先加热好的蒸馏水中，继续加热蒸馏至馏出液近 25mL，以水定容至 25mL，混匀。

2. 显色

分别取 10mL 馏出液，置于试管中，第一管加入 0.5mL 10g/L 邻苯二胺溶液，第二管不加（做空白），充分摇匀，置暗处反应 20～30min。第一管内加 2mL 4mol/L HCl 溶液，第二管内加 2.5mL 4mol/L HCl 溶液混匀为空白液。

3. 比色

于335nm下，1cm比色皿，用紫外分光光度计测定样品吸光度。比色操作需在20min内完成。

五、结果计算

$$双乙酰含量(mg/L)=A_{335}\times 1.2\times 2$$

式中 A_{335}——样品吸光度；

1.2——校正系数（多次用双乙酰测得的经验数据）；

2——换算成2cm比色皿。

六、实验注意事项

1. 蒸馏时加入试样要迅速，勿造成损失，而且要尽快蒸出，最好在5min内完成。调节蒸汽量，控制蒸馏强度，勿使泡沫过高而被蒸汽带出。
2. 显色反应在暗处进行，如在光亮处易导致结果偏高。

七、实验思考题

1. 蒸馏过程中加试样时要注意什么？
2. 测定过程中显色反应的条件是什么？

实验6-11 食品胶体

一、实验目的

1. 了解与所选用食品亲水胶体的功能特性相关的化学结构。
2. 在一定食品条件下，对比海藻胶和黄原胶的特性。
3. 检验亲水胶体在食品中的一些应用。

二、实验原理

亲水胶体（有时也称树胶、黏胶）是能溶解或分散在水中，具有增稠或胶凝作用的聚合物。尽管一些蛋白质（如凝胶）也符合这个定义，但大多数食品胶体是多聚糖。作为食品添加剂，亲水胶体得到了广泛使用，并表现出多种功能，见表6-8。

表6-8 黄原胶的功能特性

序号	功　能
1	冷水和热水中有高溶解度
2	在宽pH范围内溶解且稳定
3	热稳定性好
4	低浓度的溶液具有高的黏度
5	在0～100℃温度范围内黏度相同
6	与食品中的大部分盐类相容

亲水胶体的大部分功能特性的基础是它们显著增加黏度（增稠）的能力，以及在低浓度的水相系统中形成凝胶的能力。多聚糖亲水胶体在分子量、支链、电荷和形成氢键的基团上有所不同。凝胶赋予食品的功能性因亲水胶体和食品种类不同而异。因此，对于特定的应用，食品工艺学家必须尽可能选用合适的亲水胶体。

多聚糖胶有直链，也有支链。一般而言，增稠作用随着分子量增加而增大。由于与支链聚合物和低分子量的分子相比，大分子直链聚合物与其相互作用的水碰撞更频繁，这种碰撞阻碍了溶液的流动，从而使溶液的黏度增加，而由于延伸的直链分子更加紧密，所以增稠作用随着支链增加而减小。

当粉状胶体与水混合时，大多数胶体趋于结块。虽然亲水胶体必须在溶液中才能发挥作用，但是与水混合的方法必须正确。利用高剪切混合法，将粉状胶体逐步加到水中并搅拌，是避免结块的一种方法。另一种方法是在与水混合之前把干胶体分散在无水溶液如植物油、乙醇或谷物糖浆中。

海藻胶、角叉胶和黄原胶都是广泛应用于食品的胶体。

三、实验器材

1. 试剂

（1）六偏磷酸钠（粉末）；（2）细砂糖（蔗糖）；（3）己二酸（粉末）；（4）柠檬酸钠（粉末）；（5）无水磷酸氢钙；（6）食用色素；（7）植物油；（8）氯化钙。

2. 器材用具

（1）布氏黏度计（LVF 型），3 号转子，600 r/min，布氏工程实验室；（2）电炉；（3）磁力搅拌器和转子；（4）天平；（5）称量纸；（6）烧杯（250mL、400mL、600mL、1000mL）；（7）量筒（100mL 和 250mL）；（8）电动混合器；（9）搅拌棒；（10）试管和塞子；（11）温度计；（12）搅拌钵。

3. 试材

亲水胶体：海藻酸钠-钙和黄原胶。

四、操作步骤

1. 浓度对黏度的影响

1）称 12.0g 海藻胶。

2）将海藻胶和 800mL 蒸馏水倒入混合器中。

3）将混合器调至低速，缓慢搅动蒸馏水。

4）在混合器中心逐步加入亲水胶体，不停搅拌直至亲水胶体全部水合（需要时可加快搅拌速度），将胶溶液倒入 1000mL 的烧杯中。

5）分别转移 400g、266g 和 133g 溶液于 600mL 烧杯中，然后向各烧杯中加蒸馏水至 400mL。（不同的 3 个烧杯中胶溶液的最终浓度是多少？）

6）用布氏黏度计测每一个溶液的黏度并记录。

7）在每一个烧杯中分别加 4g 六偏磷酸钠，混合，重复黏度测定。（注意：六偏磷酸钠是一种钙掩蔽剂。）

8）用黄原胶重复（1）～（6）的操作步骤。

9）绘制黏度对浓度（胶的质量分数,%）曲线。

2. 食品应用：乳浊液稳定性

1）在 3 支试管上 5mL 处作标记。

2）3 支试管中分别加 5mL 水、5mL 0.5%海藻酸钠、5mL 0.5%黄原胶。

3）每支试管加入 5mL 植物油。

4）剧烈振荡 30s。

5）记录水油分离的时间。

3. 弥散凝结和内部凝结

1）弥散凝结

① 把 236mL 冷水倒入 400mL 烧杯，逐步加入 45g 白砂糖和 1.7g 海藻酸钠，期间应不断搅拌使其混匀。

② 干粉完全溶解后，加入 5 滴食用色素和 1mL 2.6mol/L $CaCl_2$ 溶液（0.1g 钙），搅拌 1min。密封烧杯，室温下放置过夜。

2）内部凝结　把 236mL 冷水倒入 400mL 烧杯，加 5 滴食用色素。将 45g 白砂糖和 1.7g 低残留钙海藻酸钠、16g 食品级己二酸、1.9g 柠檬酸钠、0.18g 无水磷酸氢钙完全混合。

比较弥散凝结和内部凝结两种胶体的外观、强度、质地。

4. 巧克力布丁

1）脱脂巧克力布丁　其配方如表 6-9。

表 6-9　脱脂巧克力布丁

成分	质量/g	比例/%
水	319.9	63.98
白砂糖	134.0	26.80
COLFLO 67 改性玉米淀粉	24.0	4.8
COKAY 35 Dutch 荷兰可可粉	19.2	3.84
KELCOGEL PD gellan 胶制品	2.7	0.54
山梨酸钾	0.2	0.04
共计	500.0	100.0

① 将干粉混合后，边加水边搅拌，直到加完干粉。

② 边加热边搅拌，直至沸腾，并维持 1min。

③ 把浆液倒入搅拌钵中冷却成型。

2）全脂巧克力布丁

（1）成分：均质全脂牛奶，1606mL（冷）；306 巧克力布丁粉，146g；白砂糖，194g。

（2）实验操作

① 将布丁粉和白砂糖混合。

② 将混合物加入冷牛奶中并搅拌，直至完全溶解。

③ 加热至 75℃，保温 20min。

④ 趁热将液体倒入搅拌钵。

对比两种巧克力布丁的质地和风味。

五、实验注意事项

实验结束前不能丢弃胶溶液。

六、实验思考题

1. 简述黏度的定义，并解释其为什么是食品的重要特性。
2. 叙述布氏黏度计的操作方法，并说明如何把仪器的读数转换为黏度单位。
3. 黄原胶并不是乳化剂，但它能有效稳定色拉酱，请解释原因。
4. 如何理解藻酸盐是一种钙敏感的亲水胶体？原因是什么？给出它的结构。
5. 简述弥散凝结和内部凝结的异同。

实验 6-12　酵母蔗糖酶的提取及分离纯化

一、实验目的

1. 学习并掌握蛋白质和酶的基本研究过程。
2. 掌握生物大分子的提取、分离纯化的方法。
3. 掌握有机溶剂分级沉淀的原理及方法。

二、实验原理

酶是生物体内具有催化功能的蛋白质，又称为生物催化剂。生物体内的所有化学反应，几乎都是在酶的催化下进行的，因此酶学的研究，对于了解生命活动的规律、阐明生命现象的本质以及指导相关的医学实践、工业生产都有重要的意义。

蔗糖酶（sucrase）又称为转化酶（invertase）。蔗糖在蔗糖酶的作用下水解为D-葡萄糖和D-果糖。按照水解蔗糖的方式，蔗糖酶可分为从果糖末端切开蔗糖的呋喃果糖苷酶和从葡萄糖末端切开蔗糖的葡萄糖苷酶。前者存在于酵母中，后者存在于霉菌中。通常所讲的蔗糖酶是指分解蔗糖中果糖糖苷键的酶。

蔗糖酶主要存在于酵母中，如面包酵母，也存在于曲霉、青霉和毛霉等霉菌和细菌、植物中，但工业上通常从酵母中制取。蔗糖酶是古老的酶制剂之一，很久以前就被用来作为酶化学的研究材料，很多有关酶的基础知识都是通过蔗糖酶的研究取得的。

酵母蔗糖酶是胞内酶，提取时需破碎细胞。常用的提纯方法有盐析、有机溶剂沉淀、离子交换和凝胶柱色谱等，可得到较高纯度的酶，但高纯度的酶大多很不稳定，大多商品酶为粗酶溶解于甘油的液状制品。也可将蔗糖酶同单宁酸相结合得到极稳定的固定化酶。

蔗糖酶在食品工业中可用以转化蔗糖增加甜味，制造人造蜂蜜，防止高浓度糖浆中的蔗糖析出，还用来制造果糖和巧克力的软糖心等。

1. 细胞破壁方法

细胞破壁方法有以下几种。

1）高速组织捣碎：将材料配成稀糊状，放置于筒内（约占1/3体积），盖紧筒盖，将调速器先拨到最慢处，开启开关后，逐步加速至所需速度。此法适用于动物内脏组织、植物肉质、种子等。

2）玻璃匀浆器匀浆：先将剪碎的组织置于管中，再套入研杵来回研磨，上下移动，即可将细胞研碎。此法细胞破碎程度比高速组织捣碎机高，适用于少量的动物组织脏器。

3）超声波处理法：用一定功率的超声波处理细胞悬液，使细胞急剧振荡破裂。此法多使用于微生物材料，常选用菌体浓度 50～100mg/mL，在 30～60Hz 频率下处理 10～15min。此法的缺点是在处理过程会产生大量的热，应采取相应的降温措施。另外，对超声波敏感的核酸应慎用。

4）反复冻融法：将细胞在−20℃以下冰冻，室温融解，反复几次。由于细胞内冰粒形成和剩余细胞液的盐浓度增加引起溶胀，使细胞结构破碎。

5）化学处理法：有些动物细胞，如肿瘤细胞可采用十二烷基磺酸钠（SDS）、去氧胆酸钠等将细胞膜破坏；细菌细胞壁较厚，采用溶菌酶处理效果更好。

2. 有机溶剂分级沉淀

利用不同蛋白质在不同浓度的有机溶剂中溶解度的差异分离蛋白质的方法称为有机溶剂分级沉淀。有机溶剂能降低溶液的介电常数，增加蛋白质分子上不同电荷的引力，导致溶解度的下降；有机溶剂与水作用，还能破坏蛋白质的水化膜，故蛋白质在一定浓度的有机溶剂中可沉淀析出。操作必须在低温下进行且避免有机溶剂局部过浓；分离后应立即除去有机溶剂并用水或缓冲溶液溶解沉淀的酶蛋白；pH 值一般选在酶蛋白的等电点附近；有机溶剂在中性盐存在时能增加蛋白质的溶解度以减少变性，提高分离效果。与盐析法相比，该法的分辨率高，但易使酶变性失活。

三、实验器材

1. 试剂

1）NaOH，HCl，95％乙醇。

2）起始缓冲液：5mmol/L 磷酸钠缓冲液（pH 值为 6.0）。

2. 器材用具

试管、恒温水浴槽、离心机、透析袋。

3. 试材

活性干酵母。

四、操作步骤

1. 蔗糖酶粗制品的制备

相比破碎：采用相比自溶法。取 20g 高活性干酵母粉倒入烧杯中，少量多次加入 50mL 去离子水，搅拌成糊状后，加入 2g 乙酸钠、30mL 乙酸乙酯搅匀，再于 35℃温水浴中搅拌 30min，补加去离子水 30mL 搅匀，用硫酸纸封严，于 35℃恒温过夜。4℃下以速率 8000 r/min 离心 10min，取上清液得无细胞抽提液（自溶破壁的酶液位于中层），量出粗酶液的体积 V_1。粗酶液保存于 4℃冰箱，待蛋白质浓度和蔗糖酶活力测定时使用。

2. 乙醇分级

将 1/2 粗酶液用稀乙酸调 pH 值至 4.5，其余 1/2 粗酶液冷冻保存，待蛋白质浓度和蔗糖酶活力测定时使用。

第一次乙醇沉淀（乙醇终浓度为 32%）：计算出使粗酶液的乙醇浓度达 32%时所需 95%乙醇的体积，把粗酶液和量好的乙醇在冰水浴中预冷，缓慢滴加乙醇并不断搅拌。滴加结束后，于 4℃以 8000r/min 离心 5min，留取上清液。

第二次乙醇沉淀（乙醇终浓度为 47.5%）：计算出使粗酶液的乙醇浓度达 47.5%时所需 95%乙醇的体积，按上述方法加入乙醇后于 4℃以 8000r/min 离心 10min，沉淀立刻用 10～15mL 起始缓冲液溶解并对该溶液透析过夜。次日，离心（4℃，8000r/min，5min）得酶液，量出体积 V_2，取出适量酶液保存于 4℃冰箱，待蛋白质浓度和蔗糖酶活力测定时使用。

3. 测定

测定乙醇沉淀后酶液的蛋白质浓度及蔗糖酶活力。

实验 6-13 茶叶多酚类氧化产物的快速测定

一、实验目的

掌握分离茶多酚氧化产物并快速测定它们的方法。

二、实验原理

在食品生产中，由于原料中含有的多酚类或添加的多酚类抗氧化剂氧化，使产品的颜色变深，其分子机理是多酚类氧化产生了一系列有色产物。多酚类氧化产物的结构和组成因原料不同而有一定差异。茶多酚主要是黄烷醇类化合物，其中又以儿茶素类为主。儿茶素类在有氧情况下自动氧化或酶促氧化产生茶黄素类化合物（theaflavin，TFs），进一步氧化茶红素类化合物（thearubigin，TRs），茶红素与游离氨基酸或蛋白质上氨基酸残基作用产生茶褐素类化合物（theabrownin，TBs）。TFs 呈橘黄色或浅红色，TRs 呈红色，TBs 呈深红色或褐色。有些食品需要一些多酚类的氧化产物（如红茶），而另一些食品则要防止多酚氧化（如绿茶）。测定它们的含量有助于了解某些食品质量的优劣，也有助于对某些食品的加工与贮藏制定合理的技术措施。

多酚氧化产物测定的原理是先利用它们的溶解性不同将它们萃取分离，然后在 380nm 波长下测定它们的吸光值。TFs、TRs 和 TBs 均溶于热水，用乙酸乙酯从水溶液中能把 TFs 萃取分离出来，但有部分 TRs（SⅠ型）也随之被萃取。SⅠ型 TRs 可利用其溶于碳酸氢钠溶液进一步分离出来。SⅡ型 TRs 留在水层，这样 TRs 和 TFs 便可分开。TFs 和 TRs 溶于正丁醇，TBs 则不溶，故用正丁醇可将 TFs、TRs 和 TBs 分开。

经乙酸乙酯等萃取后的水层，大部分的 TRs 以阴离子状态存在，颜色较深，需要加入过量草酸酸化。

TFs、TRs 和 TBs 可在 380nm 波长下测定它们的吸光值，且在一定范围内符合比尔定律，可用分光光度法定量。

三、实验器材

1. 试剂

乙酸乙酯、正丁醇、95%乙醇、碳酸氢钠。

2. 器材用具

三角瓶、容量瓶、移液管或移液器、分光光度计、电子天平。

四、操作步骤

1. 样品处理

液态样品可直接取样作为供试液，用于显色测定。对于固态茶叶则要进行前处理。准确称取茶叶磨碎样 1.000g 左右，放入 200mL 三角瓶中，加入沸腾蒸馏水 80mL，沸水浴中浸提 30min，然后过滤、洗涤，滤液转移到 100mL 容量瓶中快速冷却至室温，最后用水定容，摇匀即为供试液。

2. TFs 和 TRs 的分离

1）取供试液 25mL 至 60mL 分液漏斗中，加 25mL 乙酸乙酯，振荡 5min，分层后，将乙酸乙酯（上层）和水（下层）分别置于 50mL 具塞三角瓶中，将瓶塞塞好备用。

2）吸取乙酸乙酯萃取液 2.0mL，放入 25mL 容量瓶中，加入 95%乙醇稀释至刻度（A 溶液）。

3）吸取乙酸乙酯萃取液 10.0mL，加入 2.5%的碳酸氢钠水溶液 10.0mL，在 30mL 的分液漏斗中立即强烈振荡 30s，分层后，立即将碳酸氢钠水层放出弃掉，吸取乙酸乙酯液 4mL，放入 25mL 容量瓶中，用 95%乙醇定容至刻度（B 溶液）。

4）吸取第一次水层待用液 2.0mL，放入 25mL 容量瓶中，加入 2.0mL 饱和草酸溶液和 6mL 蒸馏水，并用 95%乙醇定容至刻度（C 溶液）。

3. TBs 的分离

1）分别取 10.0mL 供试液和 10.0mL 正丁醇放入分液漏斗中，振摇 3min，待分层后将水层（下层）放入 50mL 三角瓶中，待用。

2）取上述水层液 2.0mL，加饱和草酸溶液 2.0mL、蒸馏水 6.0mL，用 95%乙醇定容至 25mL（D 溶液）。

4. 空白

加酒石酸铁溶液 5mL，摇匀，用 pH7.5 的磷酸缓冲液稀释至刻度。以蒸馏水代替供试液加入同样的试剂作为空白。

5. 比色测定

选择 380nm，用 1.0cm 比色杯，以 95%乙醇作空白，分别测定 A 、B、C、D 溶液的吸光值（A）。

五、结果计算

按下面的经验公式计算 3 类成分的含量：

$$TFs含量(\%)=\frac{A_B\times 2.25\times 3}{m}$$

$$TRs含量(\%)=\frac{(2A_A+2A_C-2A_D-A_B)\times 7.06\times 3}{m}$$

$$TBs含量(\%)=\frac{2A_D\times 7.06\times 3}{m}$$

式中，m 为样品干重，g。

六、实验注意事项

1. 除去 TFs 中的 TRs（SⅠ型）时，使用的碳酸氢钠纯度要高，若其中含有一些碳酸钠，使 pH 增高，实验时会使 TFs 氧化损失。因此，宜用分析纯碳酸氢钠，且要现配现用。

2. A、B、C、D 溶液制备后，应立即进行比色，否则会影响结果。

3. TFs 以茶黄素没食子酸酯为代表，其在 380nm 和 460nm 处吸光度之比必须是 2.98∶1，如果过大，则表示 TRs（SⅠ型）未能被碳酸氢钠洗净。

4. 在用碳酸氢钠除去部分 TRs 时，振荡时间不要超过 30s，否则易造成 TFs 的进一步损失。

七、实验思考题

1. 除去 TFs 中的 TRs（SⅠ型）时，使用的碳酸氢钠不仅纯度要求高，而且要现配现用，为什么？

2. 如果采用 TFs 和 TRs 作为食品的着色剂，它们的应用前景如何？

3. 采用哪些方法可减弱茶叶中酚类氧化生成 TFs、TRs 和 TBs？

实验 6-14 水产品中组胺的检测

一、实验目的

1. 了解偶氮试剂比色法测定水产品中组胺的原理和方法。

2. 掌握正戊醇提取组胺的操作技术。

3. 学会用偶氮试剂比色法检测水产品中组胺的检测技术。

二、实验原理

水产品中的组胺用正戊醇提取，遇偶氮试剂显橙色，与标准系列比较定量。组胺是水产品中游离的组氨酸在组氨酸脱羧酶作用下，发生脱羧反应而形成的一种胺类物质。脱羧酶来自一些含有组氨酸脱羧酶的微生物，如某些肠杆菌、弧菌属等，其中最主要的是摩根变形杆菌和组胺无色杆菌。当水产品受到这些细菌污染后，会产生大量的组胺，从而反映出水产品受微生物污染的程度。

三、实验器材

1. 试剂

(1) 正戊醇；三氯乙酸溶液（100g/L）；碳酸钠溶液（50g/L）；氢氧化钠溶液

(250g/L)；盐酸（1+11）。

（2）偶氮试剂

① 甲液：称取 0.5g 对硝基苯胺，加 5mL 盐酸溶液溶解后，再加水稀释至 200mL，置于冰箱中。

② 乙液：亚硝酸钠溶液（5g/L），临用现配。

甲液 5mL、乙液 40mL 混合后立即使用。

（3）磷酸组胺标准贮备液：准确称取 0.2767g 于（100±5）℃干燥 2h 的磷酸组胺，溶于水，移入 100mL 容量瓶中，加水定容。此溶液相当于 1.0mg/mL 组胺。

（4）磷酸组胺标准使用液：吸取 1.0mL 磷酸组胺标准贮备液，置于 50mL 容量瓶中，加水定容。此溶液相当于 1.0μg/mL 组胺。

2. 器材用具

容量瓶、天平、冰箱、具塞锥形瓶、分液漏斗、移液管、漏斗、分光光度计等。

四、实验步骤

1. 样品处理

称取 5.00～10.00g 切碎样品，置于具塞锥形瓶中，加入 15～20mL 三氯乙酸溶液，浸泡 2～3h，过滤。吸取滤液 2.0mL，置于分液漏斗中，加入氢氧化钠溶液使呈碱性。每次加入 3mL 正戊醇，振摇 5min，提取 3 次。合并正戊醇提取液并稀释至 10.0mL。吸取 2.0mL 正戊醇提取液于分液漏斗中，每次加 3mL 盐酸（1+11）摇振提取 3 次，合并盐酸提取液并稀释至 10.0mL 备用。

2. 测定

吸取 2.0mL 盐酸提取液于 10mL 比色管中。另取 0、0.20mL、0.40mL、0.60mL、0.80mL、1.00mL 组胺标准使用液（相当于 0、4μg、8μg、12μg、16μg、20μg 组胺），分别置于 10mL 比色管中，加水至 1mL，再各加 1mL 盐酸溶液。样品与标准管各加 3mL 碳酸钠溶液、3mL 偶氮试剂，加水至刻度，混匀，放置 10min 后用 1cm 比色皿以零管为参比，于 480nm 波长处测吸光度，绘制标准曲线比较，或与标准系列目测比较。

五、结果计算

（1）
$$X=\frac{m_1}{m_2\times\frac{2}{V_1}\times\frac{2}{10}\times1000}\times100$$

式中 X——样品中组胺的含量，100mg/100g；

V_1——加入三氯乙酸溶液的体积，mL；

m_1——测定时试样中组胺的含量，μg；

m_2——试样质量，g。

（2）结果的表述：报告算术平均值，精确至小数点后一位。

六、实验注意事项

1. 本方法的最低检出浓度为 5mg/100g，允许相对误差≤10%。

2. 用正戊醇提取三氯乙酸溶液中的组胺时，必须用氢氧化钠溶液调整 pH 至碱性，以便于游离组胺的提取。

七、实验思考题

1. 组胺与偶氮试剂反应为什么要在酸性条件下进行？
2. 检验水产品新鲜度的方法还有哪些？说出它们的原理。

第七章 食品安全检测

实验 7-1 食品中防腐剂苯甲酸的提取分离与光谱法测定

一、实验目的

掌握提取、分离并用分光光度法测定苯甲酸含量的原理与方法。

二、实验原理

苯甲酸又称为安息香酸。苯甲酸及其钠盐是比较安全的防腐剂，它对酵母和细菌的抑菌作用很有效，对霉菌作用稍差，最适作用 pH 范围是 2.5～4.0，pH3.0 时抑菌作用最强，pH5.5 以上时，对很多霉菌和酵母菌没有什么抑制效果，因此，它最适合用于碳酸饮料、果汁、果酒、腌菜和酸泡菜等食品中。

三、实验器材

1. 试剂

无水硫酸钠、85%磷酸、0.1mol/L 氢氧化钠、0.001mol/L 氢氧化钠、1/30mol/L 重铬酸钾、2mol/L 硫酸溶液。

0.1mg/L 苯甲酸标准溶液：称取 100mg 苯甲酸（预先经 105℃烘干），加入0.1mol/L氢氧化钠溶液 100mL，溶解后用水稀释至 1000mL。

2. 仪器

蒸馏装置、天平、移液管、容量瓶、分光光度计。

3. 试材

食品样品。

四、操作步骤

1. 准确称取均匀的样品 10.0g，置于 250mL 蒸馏瓶中，加磷酸 1mL、无水硫酸钠 20g、水 70mL、玻璃珠 3 粒进行蒸馏。用预先加有 5mL 0.1mol/L 氢氧化钠的 50mL 容量瓶接收馏出液，当蒸馏液收集到 45mL 时，停止蒸馏，用少量水洗涤冷凝器，最后用水稀释到刻度。

2. 吸取上述蒸馏液 25mL，置于另一个 250mL 蒸馏瓶中，加入 1/30mol/L 重铬酸钾溶液 25mL、2mol/L 硫酸溶液 6.5mL，连接冷凝装置，水浴上加热 10min，冷却，取下蒸馏瓶，加入磷酸 1mL、无水硫酸钠 20g、水 40mL、玻璃珠 3 粒，进行蒸馏，用预先加有 5mL 0.1mol/L 氢氧化钠的 50mL 容量瓶接收馏出液，当蒸馏液收集到 45mL 时，停止蒸馏，用少量水洗涤冷凝器，最后用水稀释到刻度。

3. 根据样品中苯甲酸含量，取第二次蒸馏液 5～20mL，置于 50mL 容量瓶中，用 0.01mol/L 氢氧化钠定容，以 0.01mol/L 氢氧化钠作为对照，用分光光度计测 225nm 处的吸光度。

4. 空白试验：同上述样品测定，但在步骤 1 中用 5mL 1mol/L 氢氧化钠代替 1mL 磷酸，测定空白溶液的吸光度。

5. 标准曲线绘制：取苯甲酸标准溶液 50mL，置于 250mL 蒸馏瓶中，然后按样品测定步骤 1 进行。将全部蒸馏液 50mL 置于 250mL 蒸馏瓶中，然后按样品测定步骤 2 进行，取第二次蒸馏液 2.0mL、4.0mL、6.0mL、8.0mL、10.0mL，分别置于 50mL 容量瓶中，用 0.01mol/L 氢氧化钠定容，以 0.01mol/L 氢氧化钠作为对照，用分光光度计测 225nm 处的吸光度，绘制标准曲线。

五、结果计算

$$苯甲酸(g/kg)=\frac{(c-c_0)\times 1000}{m\times\frac{25}{50}\times\frac{V}{50}\times 1000}$$

式中 c——测定用样品溶液中苯甲酸含量，mg；

c_0——测定用空白溶液中苯甲酸含量，mg；

V——测定用第二次蒸馏液体积，mL；

m——样品质量，g。

六、实验思考题

1. 常用作食品防腐剂的物质有哪些？
2. 测定样品中苯甲酸含量的原理是什么？

实验 7-2 亚硝酸盐测定（盐酸萘乙二胺法）

一、实验目的

掌握盐酸萘乙二胺法测定亚硝酸盐含量的原理与方法。

二、实验原理

肉制品中加入的亚硝酸盐产生的亚硝基与肌红蛋白反应，生成色泽鲜红的亚硝基肌红蛋白，使肉制品有美观的颜色。同时亚硝酸盐也是一种防腐剂，可抑制微生物的增殖。由于蛋白质代谢产物中的仲胺基团与亚硝酸反应能够生成具有很强毒性和致癌性的亚硝胺，因此，亚硝酸盐的使用量及在制品中的残留量均应按标准执行。亚硝酸盐的测定方法主要是重氮偶合比色法，此外可与荧光胺偶合，测定其荧光吸收强度，或衍生后用气相色谱法测定。

自样品中抽提分离出亚硝酸盐，亚硝酸盐在酸性条件下，与对氨基苯磺酸（$H_2N-C_6H_5-SO_3H$）发生重氮化反应生产重氮盐，此重氮盐再与盐酸萘乙二胺试剂发生偶合反应，生成紫红色偶氮化合物。其颜色的深度与样液中亚硝酸含量成正比，故可比色测定。

三、实验器材

1. 试剂

1）饱和硼砂溶液：5g 硼酸钠（$Na_2B_4O_7 \cdot 10H_2O$）溶于 100mL 热的重蒸水中，冷却备用。

2）亚铁氰化钾溶液：称取 106g 亚铁氰化钾溶于水，并稀释至 1000mL。

3）乙酸锌溶液：称取 220g 乙酸锌，加 30mL 冰醋酸溶于水，并稀释至 1000mL。

4）果蔬抽提液：溶解 50g 氯化汞（$HgCl_2$）和 50g 氯化钡（$BaCl_2$）于 1000mL 重蒸水中，用浓盐酸调 pH 为 1。

5）氢氧化铝乳液：溶解 125g 硫酸铝［$Al_2(SO_4)_3 \cdot 18H_2O$］于 1000mL 重蒸水中，滴加氨水使氢氧化铝全部沉淀（使溶液呈微碱性）。用蒸馏水反复洗涤，真空抽滤，直至洗液分别用氯化钡、硝酸银溶液检验不发生混浊。取下沉淀物，加适量蒸馏水使之呈薄糊糊状，搅拌均匀备用。

6）0.4%对氨基苯磺酸溶液：称取 0.4g 对氨基苯磺酸，溶于 100mL 20%的盐酸溶液中，避光保存。

7）0.2%盐酸萘乙二胺溶液：称取 0.2g 盐酸萘乙二胺，溶于 100mL 重蒸水中。

8）亚硝酸钠标准溶液（5μg/mL）：精确称取 0.1000g 亚硝酸钠（优级纯），以重蒸水定容到 500mL。再吸取此液 25mL，以重蒸水定容到 1000mL，此工作液含亚硝酸钠 5μg/mL。

2. 仪器

分光光度计、组织捣碎机。

四、操作步骤

1. 样品处理

1）肉制品（红烧类除外）中硝酸盐及亚硝酸盐的提取：称取经搅拌混匀的样品 5g 于 50mL 烧杯中，加入硼砂饱和溶液 12.5mL，以玻璃棒搅和，继用 70℃左右的重蒸水约 300mL 将其冲洗入 500mL 容量瓶，置沸水浴中加热 15min，取出，加入 5mL 亚铁氰化钾溶液，摇匀，再加 5mL 乙酸锌溶液，以沉淀蛋白质。冷却到室温，用重蒸水定容到刻度，摇匀，放置片刻，撇去上层脂肪，清液用滤纸过滤，滤液必须清澈，留做亚硝酸盐（也可用于硝酸盐）测定。

2）果蔬类产品中硝酸盐及亚硝酸盐的提取：样品用组织捣碎机打浆，称取适量浆液（视试样中硝酸盐含量而定，如青刀豆取 10g，桃子、菠萝取 30g）置于 500mL 容量瓶中，加 200mL 水，摇匀，再加 100mL 果蔬抽提液（如滤液有白色悬浮液，可适当减少），振摇 1h，加 2.5mol/L 氢氧化钠 40mL，用重蒸水定容后立即过滤，然后取 60mL 滤液于 100mL 容量瓶中，加氢氧化铝液至刻度。用滤纸过滤，滤液应无色透明。

2. 亚硝酸盐标准曲线的绘制

用移液管精确吸取亚硝酸钠标准液（5μg/mL）0.0、0.2mL、0.4mL、0.6mL、0.8mL、1.0mL、1.5mL、2.0mL、2.5mL（各含0、1μg、2μg、3μg、4μg、5μg、7.5μg、10μg、12.5μg亚硝酸钠）于一组50mL容量瓶中，各加水至25mL，分别加2mL 0.4%对氨基苯磺酸溶液，摇匀，静置3～5min后，加入1mL 0.2%盐酸萘乙二胺溶液，并用重蒸水定容到50mL，摇匀，静置15min后，用20mm比色皿，用分光光度计在540nm波长下测定吸光度，以蒸馏水为空白。以测得的吸光度对对应的亚硝酸钠浓度作标准曲线。比色液中亚硝酸钠浓度为0～0.30μg/mL时，两者呈直线关系。本法的标准偏差为±3.0%。

3. 亚硝酸盐的测定

取40mL待测样液于50mL容量瓶中，加2mL 0.4%对氨基苯磺酸溶液，摇匀。静置3～5min后，加入1mL 0.2%盐酸萘乙二胺溶液，比色测定，记录吸光度。从标准曲线上查得相应的亚硝酸钠浓度（μg/mL），计算试样中亚硝酸盐（以亚硝酸钠计）含量。

五、结果计算

不同食品的亚硝酸盐（以亚硝酸钠计）含量分别计算如下：

$$\text{肉制品中亚硝酸盐含量(mg/kg)}=\frac{X\times\frac{1}{1000}\times1000}{m\times\frac{40}{500}\times\frac{1}{50}}$$

式中　X——测得的吸光度值在标准曲线上对应的亚硝酸钠浓度，μg/mL；

m——样品质量，g。

$$\text{红烧肉类和果蔬类中亚硝酸盐含量（mg/kg）}=\frac{X\times\frac{1}{1000}\times1000}{m\times\frac{60}{500}\times\frac{40}{100}\times\frac{1}{50}}$$

式中　X——测得的吸光度值在标准曲线上对应的亚硝酸钠浓度，μg/mL；

m——样品质量，g。

实验7-3　品红亚硫酸比色法测定白酒中甲醇的含量

一、实验目的

掌握比色法测定白酒中甲醇含量的原理和方法。

二、实验原理

白酒中的甲醇在H_3PO_4溶液中被$KMnO_4$氧化成甲醛，过量的$KMnO_4$及在反应中产生的MnO_2用H_2SO_4-草酸溶液除去后，甲醛与品红-亚硫酸溶液作用生成在590nm波长处有吸收峰的蓝紫色醌型色素，其A_{590nm}值与甲醇含量成正比，与标准品比较可实现定量分析。

三、实验器材

1. 试剂

除特别说明外，实验所用试剂均为分析纯，水为去离子水或蒸馏水。

1）常规试剂：H_3PO_4（85%）、H_2SO_4、HCl、$KMnO_4$、Na_2SO_3、甲醇、乙醇、草酸、碱性品红（生化试剂）。

2）常规溶液：H_2SO_4溶液（1＋1，体积比）、Na_2SO_3溶液（100g/L）、$KMnO_4$-H_3PO_4溶液（将3g $KMnO_4$加入15mL 85% H_3PO_4与70mL水的混合液中，溶解后，加水定容至100mL，储于棕色瓶）、H_2SO_4-草酸溶液（将5g无水草酸以H_2SO_4溶液溶解并定容至100mL）。

3）品红-亚硫酸溶液：将0.1g碱性品红研细后，加入60mL 80℃的水，边加水边研磨使其溶解，过滤于100mL容量瓶中，冷却后加10mL Na_2SO_3溶液和1mL HCl，加水至刻度，混匀后，静置过夜。如果溶液有颜色，可加少量活性炭搅拌后过滤，储于棕色瓶中，避光保存。

4）甲醇标准液（10mg/mL）：取1.000g甲醇置于100mL容量瓶中，加水稀释至刻度，于4℃保存。

5）甲醇标准使用液（0.50mg/mL）：吸取10.0mL甲醇标准溶液，置于100mL容量瓶中，加水稀释至刻度。再取25.0mL稀释液置于50mL容量瓶中，加水至刻度。

6）无甲醇的乙醇溶液：取0.5mL乙醇溶液（95%），加水至5mL，加2mL $KMnO_4$-H_3PO_4溶液，混匀，放置10min。加2mL H_2SO_4-草酸溶液，混匀后，再加5mL品红-亚硫酸溶液，混匀，于25℃静置0.5h。检查，不应显色。如果显色，表明含有甲醇，应去除，具体方法见实验注意事项。

2. 器材用具

分光光度计、蒸馏装置、酒精比重计、容量瓶、比色管等。

3. 试材

酒精度分别为30度、40度、50度和60度的白酒，每种250mL。

四、操作步骤

1. 标准曲线的绘制

1）吸取0、0.10mL、0.20mL、0.40mL、0.60mL、0.80mL、1.00mL甲醇标准使用液（相当于0、0.05mg、0.10mg、0.20mg、0.30mg、0.40mg、0.50mg甲醇），分别置于25mL具塞比色管中。

2）以无甲醇的乙醇溶液稀释至1.0mL，加水至5mL，加2mL $KMnO_4$-H_3PO_4溶液，混匀，放置10min。

3）加2mL H_2SO_4-草酸溶液，混匀后，再加5mL品红-亚硫酸溶液，混匀，于25℃静置0.5h。

4）用2cm比色皿，以甲醇含量为0的比色管中的溶液调零，于波长590nm处测定A_{590nm}值。

5）以 A_{590nm} 值为横坐标、甲醇浓度为纵坐标，绘制标准曲线。

2. 样品测定

1）分别取酒精度分别为 30 度、40 度、50 度和 60 度的白酒样品各 1.0mL、0.8mL、0.6mL 和 0.5mL，置于 25mL 具塞比色管中。

2）按照“标准曲线的绘制”中 2）～4）进行操作，分别测定 A_{590nm} 值。

3）根据 A_{590nm} 值，从标准曲线上查找对应的甲醇量。

五、结果计算

按下式计算样品中甲醇的含量：

$$x=\frac{m}{V\times 1000}\times 100$$

式中 x——样品中甲醇的含量，g/100mL；

m——从标准曲线上查得的甲醇质量，mg；

V——样品的体积，mL。

六、实验注意事项

1. 本实验方法甲醇的最低检出量为 0.02g/100mL。

2. 品红-亚硫酸溶液呈红色时应重新配制，新配制的品红-亚硫酸溶液在 4℃冰箱中放置 24～48h 后再用较好。

3. 白酒中醛类物质，以及除乙醇以外的其他醇类物质经 $KMnO_4$ 氧化后产生的醛类物质（如丙醛等），也可与品红-亚硫酸作用显色，但是在 H_2SO_4 酸性溶液中容易褪色，只有甲醛与品红-亚硫酸形成的有色物质可以持久不褪色，所以，加入品红-亚硫酸溶液后一定要放置 0.5h 以上，否则测定结果会偏高，或出现假阳性。

4. 酒样和标准溶液中的乙醇浓度对比色有一定的影响，故样品与标准管中乙醇含量要大致相等。

5. 对于有颜色或混浊的蒸馏酒或配制酒，应先蒸馏后，再进行甲醇测定。

6. 乙醇中甲醇的去除方法：取 300mL 乙醇溶液（95%），加 $KMnO_4$ 少许，蒸馏，收集馏出液。在馏出液中加入 1g $AgNO_3$（以少量水先溶解）和 1.5g NaOH（以少量水先溶解），摇匀，取上清液蒸馏，弃去最初的 50mL 馏出液，收集中间约 200mL 馏出液，该馏出液不含甲醇。用酒精比重计测定酒精度，加水稀释成 60%乙醇溶液。

七、实验思考题

1. 用化学反应式表述实验原理。

2. 为什么新配制的品红-亚硫酸溶液需在 4℃冰箱中放置 24～48h 后再使用比较好？

实验 7-4 银盐比色法测定食品中总砷的含量

一、实验目的

掌握银盐比色法，即二乙基二硫代氨基甲酸银比色法测定食品中砷含量的原理和操作方法。

二、实验原理

样品经消化后，砷以离子状态进入溶液，在 KI 和酸性 $SnCl_2$ 存在下，样品溶液中的五价砷还原为三价砷。三价砷进一步被 Zn 和酸反应生成的新生态氢还原为 AsH_3 气体，通过 $PbAc_2$ 棉花吸附后，进入含有二乙基二硫代氨基甲酸银[$(C_2H_5)_2NCS_2Ag$，silver diethyldithiocarbamate，Ag·DDC] 的吸收液中，形成在 520nm 波长处有吸收峰的黄色至棕红色的胶状银溶液，在一定的浓度范围内，其 A_{520nm} 值与砷的含量成正比。测定 A_{520nm} 值，与标准品比较，可实现定量分析。

三、实验器材

1. 试剂

1）硝酸、硫酸、盐酸、高氯酸、氧化镁、锌粒。

2）15%硝酸镁溶液，15%碘化钾溶液，10%乙酸铅溶液，20%氢氧化钠溶液。

3）酸性氯化亚锡溶液：称取 40g 氯化亚锡（$SnCl_2 \cdot 2H_2O$），加盐酸溶解并稀释至 100mL，加入数粒金属锡粒。

4）乙酸铅棉花。

5）二乙基二硫代氨基甲酸银-三乙醇胺-三氯甲烷溶液（银盐溶液）：称取 0.25g 二乙基二硫代氨基甲酸银置于乳钵中，加少量三氯甲烷研磨，移入 100mL 量筒中，加入 1.8mL 三乙醇胺，再用三氯甲烷分次洗涤乳钵，洗液一并移入量筒中，再用三氯甲烷稀释至 100mL，放置过夜。滤入棕色瓶中贮存。

6）砷标准储备液（0.1mg/mL）：准确称取 0.1320g 在 100℃干燥 2h 的三氧化二砷，加 5mL 20%氢氧化钠溶液，溶解后加 25mL 硫酸-水（6∶94），移入 1000mL 容量瓶中，加新煮沸冷却的水稀释至刻度，贮存于棕色玻璃瓶中。吸取 1.0mL 砷标准储备液，置于 100mL 容量瓶中，加 1mL 硫酸-水（6∶94），加水稀释至刻度，为 1.0μg/mL 砷标准使用液。

2. 器材用具

1）测砷装置。

2）分光光度计、可调电炉等。

四、操作步骤

1. 样品处理

1）硝酸-高氯酸-硫酸或硝酸-硫酸消化：根据样品的含水量称取样品 1.00～10.00g，置于 50～100mL 三角瓶中，固体样品先加水少许使湿润，加数粒玻璃珠、10～15mL 硝酸-高氯酸混合液（硝酸∶高氯酸=4∶1，体积比），放置过夜，次日小火缓慢加热，待作用缓和，放冷。沿瓶壁加入 5～10mL 硫酸，再加热，至瓶中液体开始变成棕色时，不断沿瓶壁滴加硝酸-高氯酸混合液至有机质完全分解。继续消化，至瓶内液体产生白烟消化完全，溶液应无色或微带黄色，放冷。加 20mL 水煮沸，除去残余的硝酸至产生白烟为止，如此处理两次，放冷。将冷却后的溶液移入 50mL 容量瓶中，用水洗涤三角瓶，洗液并入容量瓶中，放冷，加水至刻度，混匀。取与消化样品相同量的硝酸-高氯酸混合液和硫酸，按同一方法做试剂空白试验。

含酒精饮料或含二氧化碳饮料应小火加热除去乙醇或二氧化碳后，再加硝酸-高氯酸混合液；含糖量高的样品易起泡、炭化，加入硫酸待反应缓和停止起泡后，先用小火缓缓加热，不断沿瓶壁补加硝酸-高氯酸混合液，待泡沫消失后，再加大火力，至有机质分解完全。

2）干灰化法：称取 1.00～5.00g 样品，置于坩埚中，加 1g 氧化镁及 10mL 硝酸镁溶液，混匀，浸泡 4h。置水浴锅上蒸干，用小火炭化至无细烟后移入马弗炉中加热至 550℃，灼烧 3～4h，冷却后取出。加 5mL 水湿润后，用细玻棒搅拌，再用少量水洗下玻棒上附着的灰分至坩埚内。放水浴上蒸干后移入马弗炉 550℃灰化 2h，冷却后取出。加 5mL 水湿润灰分，再慢慢加入 10mL 盐酸-水（1∶1），然后将溶液移入 50mL 容量瓶中，坩埚用盐酸-水（1∶1）洗涤 3 次，每次 5mL，洗液均并入容量瓶中，再加水至刻度，混匀。其加入盐酸量不少于 1.5mL（中和需要量除外）。全量供银盐法测定时，不必再加盐酸。按同一操作方法做试剂空白试验。

2. 吸光度测定

标准曲线绘制：吸取 0、2mL、4mL、6mL、8mL、10mL 砷标准使用液（相当于 0、2.0μg、4.0μg、6.0μg、8.0μg、10.0μg 砷），分别置于 150mL 锥形瓶中，加水至 40mL，再加 10mL 硫酸-水（1∶1）。

吸取一定量的消化液及空白液，分别置于 150mL 三角瓶中，补加硫酸至总量为 5mL，加水至 50～55mL。在消化液、试剂空白液及砷标准溶液中各加 3mL 15%碘化钾溶液、0.5mL 酸性氯化亚锡溶液，混匀，静置 15min。各加入 3g 锌粒，立即于测砷三角瓶塞上装有乙酸铅棉花的导气管，并使管尖端插入盛有 4mL 银盐溶液的离心管中的液面下，在常温下反应 45min 后，取下离心管，加三氯甲烷补足 4mL。用 1cm 比色杯，以零管调节零点，于波长 520nm 处测吸光度。

五、结果计算

$$X=\frac{(A_1-A_2)\times V_1\times 1000}{m\times V_2\times 1000}$$

式中 X——样品中砷的含量，mg/kg 或 mg/L；

A_1——测定用样品消化液中砷的质量，μg；

A_2——试剂空白液中砷的质量，μg；

m——样品质量或体积，g 或 mL；

V_1——样品消化液的总体积，mL；

V_2——测定用样品消化液的体积，mL。

六、实验注意事项

1. 乙酸铅棉花的作用：如果反应产生的 AsH_3 气体中混有 H_2S 气体，并直接进入吸收液中，则会形成 Ag_2S 黑色沉淀，干扰红色胶态物的颜色，影响测定结果。所以反应产生的 AsH_3 气体必须经过乙酸铅棉花，使其中混有的 H_2S 气体与乙酸铅反应后，再进入吸收液中。

2. 反应温度与时间：反应温度应保持在 25～30℃为好，作用时间以 1h 为宜。如果温度偏低或偏高，则应该适当延长或减少反应时间。

3. 锌粒的影响：锌的粒度和用量，会直接影响显色深浅。不同形状和规格的锌粒，由于表面积不同，将影响测定结果。锌粒较大时，要适当多加并延长反应时间。一般情况下，在反应中，蜂窝锌粒加 3g，大颗粒锌粒则需加 5g。

七、实验思考题

1. 用化学方程式表述实验原理。
2. 在锥形瓶反应液中加入 KI 和 $SnCl_2$ 溶液时，颜色有何变化，为什么？
3. 为什么在反应过程中会产生 H_2S 气体？

实验 7-5　双硫腙比色法测定食品中的铅

铅元素是有代表性的重金属元素之一，在地壳丰度为 14mg/kg，分布很广。天然的铅主要产自铅矿，在自然界中铅主要与其他元素结合以化合态的形式存在。近年来，随着采矿、金属冶炼、污泥使用、污水灌溉以及含铅汽油的使用，铅已成为土壤污染的主要元素之一。

铅在自然界不断迁移、转化。铅是通过有机的形态进入环境中，并在环境中传播。铅在工业中主要用于生产石油产品中的抗爆剂和蓄电池。作为汽车抗爆剂的四甲基铅、四乙基铅是空气中铅的主要污染来源，其在空气中的半衰期夏天为 10h 和 2h，冬天为 34h 和 8h。四烷基铅在水中会降解成三烷基铅、二烷基铅。由于一烷基铅不稳定，最终会成为无机铅离子。四烷基铅被人和动物吸收，在体液或组织中降解成烷基铅。

各种铅化合物的毒性差异较大。在有机铅化合物中，带毒性的大小与取代基的种类及数目密切相关。研究表明，烷基铅的毒性比苯基铅要大，带正电荷的有机铅如三乙基铅的毒性比中性的四乙基铅的毒性大。有机铅进入人体后，会与血红蛋白结合，造成血液缺氧，损害人的中枢神经，造成记忆减退，引发血压增高及心血管疾病，严重时可以导致窒息、死亡。

一、实验目的

掌握双硫腙比色法测定食品中铅含量的原理和方法。

二、实验原理

样品经硝酸-硫酸消化后，铅离子在 pH8.5～9.0 时，能与双硫腙（$C_{13}H_{12}N_4S$）生成红色络合物，该络合物溶于氯仿，并在 510nm 波长处产生吸收峰。A_{510nm}与铅离子浓度在一定范围内呈线性关系，通过与标准品比较可实现定量分析。

三、实验器材

1. 试剂

氨水。

6mol/L 盐酸：量取 100mL 盐酸，加水稀释至 200mL。

酚红指示剂：称取 0.1g 酚红，用少量乙醇多次溶解后移入 100mL 容量瓶中并定容至刻度。

20%盐酸羟胺溶液：称取 20g 盐酸羟胺，加水溶解至约 50mL，加 2 滴酚红指示剂，加 1∶1 氨水，调 pH 至 8.5～9.0（颜色由黄变红，再多加 2 滴），用双硫腙-三氯甲烷溶液提取至三氯甲烷层绿色不变为止，弃去再用三氯甲烷洗两次，弃去三氯甲烷层，水层加 6mol/L 盐酸呈酸性，加水至 100mL。

20%柠檬酸铵溶液：称取 50g 柠檬酸铵，溶于 100mL 水中，加 2 滴酚红指示剂，加 1∶1 氨水，调 pH 至 8.5～9.0，用双硫腙-三氯甲烷溶液提取数次，每次 10～20mL，至三氯甲烷层绿色不变为止，弃去三氯甲烷层，再用三氯甲烷洗两次，每次 5mL，然后弃去三氯甲烷层，加水稀释至 250mL。

10%氰化钾溶液。

三氯甲烷（不应含氧化物）。检查方法：量取 10mL 三氯甲烷，加 25mL 新煮沸过的水，振摇 3min，静置分层后，取 10mL 水液，加数滴 15%碘化钾溶液及淀粉指示液，振摇后应不显蓝色。处理方法：于三氯甲烷中加入 1/20～1/10 体积的 20%硫酸钠溶液洗涤，再用水洗后加入少量无水氯化钙，脱水后进行蒸馏，弃去最初及最后的 1/10 馏出液，收集中间馏出液备用。

淀粉指示液：称取 0.5g 可溶性淀粉，加 5mL 水搅匀后，慢慢倒入 100mL 沸水中，不停搅拌、煮沸，放冷备用（用时配制）。

1%硝酸：量取 1mL 硝酸，加水稀释至 100mL。

双硫腙溶液：0.5%三氯甲烷溶液，保存于冰箱中。使用时用下述方法纯化双硫腙溶液：称取 0.5g 研细的双硫腙，溶于 50mL 三氯甲烷中，如不全溶可用滤纸过滤于 250mL 分液漏斗中，用 1∶99 氨水提取三次，每次 100mL，将提取液用棉花过滤至 500mL 分液漏斗中，用 6mol/L 盐酸调至酸性，将沉淀出的双硫腙用三氯甲烷提取 2～3 次，每次 20mL，合并三氯甲烷层，用等量水洗涤两次，弃去洗涤液，在 50℃水浴上蒸去三氯甲烷。精制的双硫腙置硫酸干燥器中，干燥备用。或将沉淀出的双硫腙分别用 200mL、200mL、100mL 三氯甲烷提取 3 次，合并三氯甲烷层为双硫腙溶液。

双硫腙使用液：吸取 1.0mL 双硫腙溶液，加三氯甲烷至 10mL，混匀。用 1cm 比色皿，以三氯甲烷调零，于波长 510nm 处测吸光度，用下式计算出配制 100mL 双硫腙使用液（70%透光率）所需双硫腙溶液的体积（V，mL）：

$$V=\frac{10\times(2-\lg 70)}{A}=\frac{1.55}{A}$$

铅标准溶液：精密称取 0.1598g 硝酸铅，加 10mL 1%硝酸，全部溶解后，移入 100mL 容量瓶中，加水稀释至刻度。此溶液含铅 1mg/mL。

铅标准使用液：吸取 1.0mL 铅标准溶液，置于 100mL 容量瓶中，加水稀释至刻度。此溶液含铅 10μg/mL。

2. 器材用具

分光光度计、玻璃器皿等。

四、操作步骤

1. 样品消化

1）硝酸-硫酸法

① 酱、酱油、豆腐乳、酱腌菜等：称取 10.0g（或吸取 10.0mL 液体样品），置于 250mL 定氮瓶中，加几粒玻璃珠，再加 10mL 硝酸，放置片刻后，用小火加热，待作用缓和，放冷后，沿瓶壁加入 1%硝酸，再加热至瓶中液体开始变成棕色时，不断沿瓶壁滴加硝酸至有机物完全分解，然后加大火力，至产生白烟，此时溶液应澄清无色或微带黄色，放冷，加 20mL 水煮沸，除去残余的硝酸至产生白烟为止，如此处理两次，放冷，将冷却后的溶液移入 50mL 或 100mL 容量瓶中，用水洗涤定氮瓶，洗液并入容量瓶中再放冷，定容，混匀。定容后的溶液每 1mL 相当于 2g 样品或 2mL 样品。

② 含酒精或二氧化碳饮料：吸取 10.0mL 样品置于 250mL 定氮瓶内，瓶中加玻璃珠，先用小火加热除去乙醇或二氧化碳，再加 10mL 硝酸，混匀后，放置片刻，后续按①操作，但定容后的溶液每 10mL 相当于 2mL 样品。

③ 含糖量高的食品：称取 1.0g 样品，置于已加玻璃珠的 250mL 定氮瓶中，先加少许水使其湿润，再加入 10mL 硝酸，摇匀，缓缓加入 10mL 硫酸，待作用缓和，停止起泡沫，先用小火缓缓加热（糖分易炭化），不断沿瓶壁加硝酸，待泡沫全部消失后，再加大火力，至有机质完全分解产生白烟，放冷，后续按①自“加 20mL 水煮沸”起操作余下步骤。

消化后的溶液应澄清、无色或微带黄色。

以上湿法消化要同时做空白试验。

2）灰化法

① 糕点及其他含水分少的食品：称取 5.0g 样品，置于坩埚中，加热至炭化，移入高温炉中，500℃灰化 3h，放冷。取出坩埚，加 1mL 硝酸湿润灰分，用小火蒸干，在 500℃灼烧 1h，放冷，取出坩埚。加 1mL 硝酸，加热，使灰分溶解，移入 50mL 容量瓶中，用水洗涤坩埚，洗液并入容量瓶中，加水至刻度，混匀备用。

② 含水分多的食品或液体样品：称取 5.0g 或 5.0mL 样品，置于蒸发皿中，先在水浴上蒸干，再按①自“加热至炭化”起作余下操作。

2. 测定

吸取 10.0mL 消化后的定容溶液和同量的试剂空白液，分别置于 125mL 分液漏斗中，各加水至 20mL。

吸取 0.00、0.10mL、0.20mL、0.30mL、0.40mL、0.50mL 铅标准使用液（相当于 0、1mg、2mg、3mg、4mg、5mg 铅）分别置于 125mL 分液漏斗中，各加 1%硝酸溶液至 20mL。于样品消化液、试剂空白液和铅标准液中各加 2mL 20%柠檬酸铵溶液、1mL 20%盐酸羟胺溶液和 2 滴酚红指示液，用 1∶1 氨水调节 pH 值，使溶液呈红色，再各加 2mL 10%氰化钾溶液，混匀。各加 5.0mL 双硫腙使用液，剧烈振摇 1min，静置分层后，三氯甲烷层经脱脂棉滤入 1cm 比色皿中，以三氯甲烷为参比，于 510nm 处测吸光度，绘制标准曲线并比较。

五、结果计算

$$X=\frac{(m_1-m_2)\times 1000}{m_3\times\dfrac{V_2}{V_1}\times 1000}$$

式中　X——样品中铅的含量，mg/kg 或 mg/L；

m_1——测定用样品消化液中铅的含量，mg；

m_2——试剂空白液中铅的含量，mg；

m_3——样品质量或体积，g 或 mL；

V_1——样品消化液的总体积，mL；

V_2——测定用样品消化液体积，mL。

六、实验注意事项

1. 本实验所用玻璃仪器要用10%～20%的稀硝酸浸泡24h以上，然后用水清洗干净，最后用去离子水冲洗干净。

2. KCN是剧毒药品，操作时不能吸入，使用后要洗手，KCN溶液不要与酸接触以防产生HCN气体而使操作者中毒。用下述办法可降低KCN毒性：向浓KCN溶液中加入氢氧化钠和硫酸亚铁使它生成亚铁氰化钾。

3. Pb和双硫腙结合的颜色变化：绿→浅蓝→浅灰色→灰色→灰白→淡紫色→紫→淡红→红色。

4. 本实验的干扰离子有Fe^{3+}、Sn^{4+}、Cu^{2+}、Cd^{2+}、Zn^{2+}等。可采用调节pH至8～9进行掩蔽，这也避免了KCN与酸的接触。

5. 用双硫腙的关键是控制pH值。只有控制pH至8.5～9.0时才能加KCN。

6. 氰化钾的作用：掩蔽铜、锌等多种金属的干扰，同时也能提高pH值，并使之稳定在9左右。但CN^-也可干扰双硫腙对铅的提取，因此不要任意增加其用量和浓度。

7. 样品中锡含量大于150mg/kg时，因产生偏锡酸而带走铅，应设法将锡变成溴化锡蒸发出去。

8. 如果样品中含Ca、Mg的磷酸盐时，不要加柠檬酸铵，以免生成沉淀带走铅。

七、实验思考题

1. 用双硫腙比色法测定铅含量时，加入氰化钾的作用是什么？使用时应注意哪些问题？

2. 国家标准中对铅含量有规定吗？举例说明。

3. 用双硫腙比色法测定铅含量时对pH值有无要求？

实验7-6 冷原子吸收法测定食品中的汞

汞（mercury，Hg），又称水银，呈银白色，是唯一在室温下呈液态并可流动的金属。它在地壳的丰度为0.05mg/kg。在空气中稳定，高温加热变成红色的氧化物，在自然界以单质汞、无机汞、有机汞等形式存在。汞可以形成硫酸盐、卤化物和硝酸盐，它们均溶于水。汞与烷基化合物和卤素结合可形成挥发性化合物，这些化合物具有很强的毒性。

各种形态的汞及其化合物都会对机体造成以神经毒性和肾脏毒性为主的多系统损害，其中以金属汞和甲基汞对人体的危害最显著。汞及其化合物的毒性大小与汞的存在形式、汞化合物的吸收途径有关。

一、实验目的

掌握冷原子吸收法分析重金属汞的原理和方法。

二、实验原理

样品经消解后，在强酸性介质中样品中离子态的汞被氯化亚锡还原成元素汞，在常温下以氮气或干燥空气作为载体，将元素汞吹入汞测定仪，汞蒸气对波长253.7nm的共振线具有强烈的吸收作用，在一定浓度范围其吸收值与汞含量呈正比，与标准系列比较定量。

三、实验器材

1. 试剂

除特别注明外，所用试剂均为分析纯；水均为去离子水。

由于玻璃对汞有吸附作用，因此测汞所用玻璃器皿需用硝酸溶液（1∶3）浸泡，洗净后备用。

（1）常规试剂：硝酸（优级纯）、硫酸（优级纯）、30%过氧化氢、五氧化二钒、变色硅胶（干燥成蓝色后使用）。

（2）300g/L氯化亚锡溶液：称取30g氯化亚锡（$SnCl_2 \cdot 2H_2O$），加少量水，再加2mL浓硫酸使溶解后，加水稀释至100mL，冰箱保存备用。

（3）混合酸液：硫酸＋硝酸＋水（1∶1∶8），量取10mL硫酸，再加入10mL硝酸，慢慢倒入80mL水中，混匀、冷却备用。

（4）50g/L高锰酸钾溶液：配好后煮沸10min，静置过夜，过滤，贮于棕色瓶中。

（5）200g/L盐酸羟胺：称取20g盐酸羟胺，加水溶解并定容至50mL，加2滴酚红指示剂，加氨水（1∶1），调pH值至8.5～9.0（由黄变红，再多加2滴），用二硫腙-三氯甲烷溶液提取至三氯甲烷层绿色不变为止，再用三氯甲烷洗2次，弃去三氯甲烷层（下层）。于水层中加入盐酸（1∶1）使呈酸性，加水至100mL。

（6）1mg/mL汞标准储备液：精密称取0.1354g于干燥器干燥过的二氯化汞，加混合酸（1∶1∶8）溶解后移入100mL容量瓶中，并稀释至刻度，混匀。

注：为了避免在配制稀汞的标准溶液时玻璃对汞的吸附，最好先在容量瓶内加部分混合酸，再加入汞标准储备液。

为保证汞储备液稳定性，通常在溶液中加少量重铬酸钾。配制方法：取0.5g重铬酸钾，用水溶解，加50mL优级纯硝酸，加水至1L。用此保存液来配制汞标准储备液（10μg/mL）可保存2年；若配制汞标准使用液（0.1μg/mL），于冰箱中保存10 d。

（7）汞标准使用液：吸取1.0mL汞标准储备液于100mL容量瓶中，加混合酸（1∶1∶8）稀释至刻度，此溶液每毫升相当于0.1μg汞，临用时现配。

2. 仪器用具

压力消解器（或压力消解罐或压力溶弹），100mL容量瓶，微波消解装置，测汞仪，汞蒸气发生器或25mL布氏吸收管代替。

四、操作步骤

实验前先做试剂空白试验，检查所用试剂、实验用水及器皿是否符合要求。如测得空白值过高，实验用水、试剂需提高纯度，器皿再次用硝酸浸泡后清洗，必要时用稀硝酸煮沸热洗。

1. 样品消化

如果没有微波消解装置，也可采用回流消化。

1）回流消化法

（1）粮食或水分少的食品：称取10.00g样品于锥形瓶中，加玻璃珠数粒，加45mL硝酸、10mL硫酸，转动锥形瓶，防止局部炭化。装上冷凝管后，小火加热，待开始发泡即停止加热，发泡停止后，加热回流2h。如加热过程中溶液变棕色，再加5mL硝酸，继续回流2h，放冷后从冷凝管上端小心加20mL水，继续加热回流10min，放冷，用适量水冲洗冷凝管，洗液并入消化液中。将消化液经玻璃棉过滤于100mL容量瓶内，用少量水洗三角瓶、滤器，洗液并入容量瓶内，加水至刻度，混匀。

取与消化样品相同量的硝酸、硫酸，按同一方法做试剂空白，待测。

（2）动植物油脂：称取5.0g样品于锥形瓶中，加玻璃珠数粒，加7mL硫酸，小心混匀至溶液颜色变为棕色，然后加40mL硝酸，装上冷凝管，以下按（1）“小火加热”起依法操作。含油脂较多的样品消化时易发泡外溅，可在消化前在样品中先加少量硫酸，变成棕色（轻微炭化），然后加硝酸可减轻发泡外溅现象，但应避免严重炭化。

（3）薯类、豆制品：称取20.00g捣碎混匀的样品（薯类须预先洗净晾干）于三角瓶中，加玻璃珠数粒及30mL硝酸、5mL硫酸，转动三角瓶，防止局部炭化。装上冷凝管后，以下按（1）自“小火加热”起依法操作。

（4）肉蛋类：称取20.00g牛乳或酸牛乳，或相当于20.00g牛乳的乳制品（2.4g全脂乳粉、8g甜炼乳、5g淡炼乳）于三角瓶中，加玻璃珠数粒及30mL硝酸，牛乳或酸牛乳加10mL硫酸，乳制品加5mL硫酸，转动三角瓶，防止局部炭化。装上冷凝管后，以下按（1）自“小火加热”起依法操作。

在消化过程中，由于残余在消化液中的氮氧化物对测定有严重干扰，使结果偏高。尤其是采用硝酸-硫酸回流法，硝酸用量大，消化后需加水继续加热回流10min使剩余二氧化氮排出，消化液趁热进行吹气驱赶液面上的氮氧化物，冷却后滤去样品中蜡质等不易消化物，避免干扰。

2）五氧化二钒消化法　本法适用于水产品、蔬菜、水果中总汞的测定。

取样品的可食部分，洗净，晾干，切碎，混匀。

取2.5g水产品或10.00g蔬菜、水果于三角瓶中，加50mg五氧化二钒粉末，再加8mL硝酸，振摇，放置4h，加5mL硫酸，混匀，然后移至140℃沙浴或电热板上加热，开始作用较猛烈，以后渐渐缓慢，待瓶口基本无棕色气体逸出时，用少量水清洗瓶口，再加热5min，放冷，加5mL的50g/L高锰酸钾，放置4h（或过夜），滴加200g/L盐酸羟胺液使紫色褪去，振摇，放置数分钟，移入容量瓶中并定容。蔬菜、水果定容至25mL，水产品定容至100mL，待测。

取与消化样品相同量的五氧化二钒、硝酸、硫酸，按同一方法做试剂空白试验。

3）高压消解法

(1) 粮食及豆类等干样：称取1.00g经粉碎混合均匀后过40目筛孔的样品于聚四氟乙烯塑料罐内，加5mL硝酸放置过夜，再加3mL过氧化氢，盖上内盖放入不锈钢外套中，将不锈钢外套与外盖旋紧密封，然后将消解器放入普通干燥箱（烘箱）内，升温至120℃后保持2～3h至消解完成。冷至室温后，开启消解罐，将消解液用玻璃棉过滤至25mL容量瓶中，用少量水淋洗内罐，经玻璃棉滤入容量瓶内，定容至25mL，摇匀。同时做试剂空白试验。待测。

(2) 蔬菜、瘦肉、鱼类及蛋类水分含量高的鲜样：将鲜样用捣碎机打成匀浆，称取匀浆3.00g于聚四氟乙烯塑料罐内，加盖留缝，于65℃烘箱内干燥至近干，取出，加5mL硝酸放置过夜，再加3mL过氧化氢，以后的操作与“3）高压消解法”的“（1）”相同。

2. 测定

按仪器要求调好，备用。

测汞仪中的光管道、气路管道均要保持干燥、光亮、平滑、无水汽凝集，否则应分段拆下，用无汞水煮，再烘干备用。

从汞蒸气发生瓶到测汞仪的连接管道不宜过长，宜用不吸附汞的氯乙烯塑料管。

测定时应注意水汽的干扰，从汞蒸气发生器产生的汞原子蒸气，通常带有水汽，进仪器前如不经干燥，会被带进光管道，产生汞吸附，降低检测灵敏度。因此，通常汞原子蒸气必先经干燥管吸水后再进入仪器检测。常用的干燥剂以变色硅胶为好，当干燥管硅胶吸水变色后，需更换干燥剂，以保证仪器光管道的干燥。

1）吸取10.0mL样品消化液于汞蒸气发生器内，连接抽气装置，沿壁迅速加入1mL 300g/L氯化亚锡溶液，立即通入流速为1.5L/min的氮气或经活性炭处理的空气，使汞蒸气经过硅胶干燥管进入测汞仪中，读取测汞仪上最大读数。同时测定试剂空白在测汞仪上最大读数。

2）标准曲线的绘制：分别吸取0.1μg/mL的汞标准使用液0.00、0.10mL、0.20mL、0.30mL、0.40mL、0.50mL于试管中，各加混合酸（1∶1∶8）至10mL，以下按上述1）自“于汞蒸气发生器内”起依法操作，绘制标准曲线。

3）五氧化二钒消化法标准曲线的绘制：分别吸取0.1μg/mL的汞标准使用液0.0、1.0mL、2.0mL、3.0mL、4.0mL、5.0mL于6个50mL容量瓶中，各加1mL硫酸（1＋1）、1mL 50g/L高锰酸钾溶液，加20mL水，混匀，滴加盐酸羟胺溶液使紫色褪去，加水至刻度混匀。从中分别吸取10mL（相当于0、0.02μg、0.04μg、0.06μg、0.08μg、0.10μg汞），以下按上述1）自“于汞蒸气发生器内”起依法操作，绘制标准曲线。

五、结果计算

按下式计算样品中汞含量：

$$X=\frac{(A_1-A_2)\times 1000}{M\times\frac{V_2}{V_1}\times 1000}$$

式中 X——样品中汞的含量，mg/kg或mg/mL；

A_1——测定用样品消化液中汞的质量，μg；

A_2——试剂空白液中汞的质量，μg；

M——样品的质量或体积，g 或 mL；

V_1——样品消化液总体积，mL；

V_2——测定用样品消化液体积，mL。

六、实验注意事项

1. 用五氧化二钒消解可直接在三角瓶中进行，不需要回流，适宜大批量样品的消解。如在三角瓶口加一个长颈漏斗效果更好（起一定的回流作用）。但注意不能加热时间过长，更不能烧干。

2. 高压消解法消化样品具有快速、简便、防污染的特点。但使用高压消解器时必须按使用说明书操作，应注意控温、消解罐容量和取样量等。为防止在消解反应中产生过高的压力，应先将样品冷消化放置过夜。

七、实验思考题

1. 简述在样品处理中加入 V_2O_5 的作用。

2. 简述实验中 H_2SO_4 溶液、$KMnO_4$ 溶液和 $SnCl_2$ 溶液的作用。

3. 介绍所使用原子吸收分光光度计的型号、各部件的名称与功能，以及在实验中的测定参数。

4. 冷原子吸收光谱法与通常的原子吸收光谱法有何区别？为什么汞元素的测定可以采用冷原子吸收光谱法？

实验 7-7　比色法测定食品中镉的含量

镉（cadmium，Cd）在生物体内可以蓄积，通过食物链的生物富集作用，使镉在海产品、动物肾脏中可高达几十至几百毫克每千克的浓度。镉对肾、肺、睾丸、脑、骨髓等均可产生毒性。镉在人体内的半衰期长达 10～30 年，为已知的最易在人体内蓄积的毒物。

镉元素较易挥发，稍经加热就会挥发，并与空气中的氧结合。

镉的检测方法很多，有紫外可见分光光度法、原子吸收分光光度法、溶出伏安法、电感耦合等离子发射光谱法、色谱法、分子生物学法等。

一、实验目的

掌握比色法测定食品中镉含量的原理与方法。

二、实验原理

样品经消化后，在碱性溶液中，镉离子与 6-溴苯并噻唑偶氮萘酚形成红色络合物，溶于氯仿，在 585nm 产生吸收峰，在一定浓度范围内 A_{585nm} 的大小与镉含量成正比，通过与标准品比较可进行定量分析。

三、实验器材

1. 试剂

除特别注明外，实验所用试剂均为分析纯，水为去离子水或蒸馏水。

1）常规试剂：HNO_3、氯仿、$HClO_4$、HCl、酒石酸钾钠、NaOH、柠檬酸钠、金属镉（纯度99.99%）、二甲基甲酰胺（DMF）。

2）常规溶液：HCl溶液（5mol/L、1mol/L）、酒石酸钾钠溶液（40%）、NaOH溶液（20%）、柠檬酸钠溶液（25%）、HNO_3-$HClO_4$混合酸（3+1，体积比）。

3）镉试剂：将38.4mg 6-溴苯并噻唑偶氮萘酚溶于50mL DMF，储于棕色瓶中。

4）镉标准储备液（1.0mg/mL）：称取1.0000g金属镉，溶于20mL盐酸溶液（5mol/L）中，加入2滴HNO_3后，移入1000mL容量瓶中，以水稀释至刻度，混匀，储于聚乙烯瓶中。

5）镉标准使用液（1.0μg/mL）：吸取10.0mL镉标准储备液，置于100mL容量瓶中，以盐酸溶液（1mol/L）稀释至100mL，混匀。如此多次稀释至每毫升相当于1.0μg镉。

2. 仪器

分光光度计、可调电炉等。

3. 试材

2～3种稻谷、小麦、高粱等，各250g。

四、操作步骤

1. 样品消化

1）称取实验材料各100g，粉碎后过40目筛。

2）称取10.0g粉碎样品，置于150mL消化瓶中，加入20mL HNO_3-$HClO_4$混合酸，室温放置过夜。

3）将消化瓶置于电炉上小火加热，待泡沫消失后，慢慢加大火力，必要时再加少量HNO_3，直至溶液澄清无色或微带黄色，冷却至室温。

4）取相同量的HNO_3-$HClO_4$混合酸、HNO_3做试剂空白试验。

2. 标准曲线的绘制

1）吸取0、0.5mL、1.0mL、3.0mL、5.0mL、7.0mL、10.0mL镉标准使用液（相当于0、0.5μg、1μg、3μg、5μg、7μg、10.0μg镉），分别置于125mL分液漏斗中，再各加水至20mL，以NaOH溶液调节至pH=7。

2）于分液漏斗中依次加入3mL柠檬酸钠溶液、4mL酒石酸钾钠溶液及1mL NaOH溶液，混匀。

3）再各加5.0mL氯仿及0.2mL镉试剂，立即振摇2min，静置分层后，将氯仿层经脱脂棉滤于1cm比色皿中，以镉浓度“0”管调零，于585nm处测A_{585nm}。以镉含量为横坐标、A_{585nm}为纵坐标绘制标准曲线。

3. 样品测定

1）将消化好的样液及试剂空白液用20mL水分数次洗入125mL分液漏斗中，以NaOH溶液调节至pH=7。

2）按标准曲线绘制中的2）、3）测定样品消化液与试剂空白液的A_{585nm}值。

3）根据A_{585nm}值从标准曲线上查出样品消化液与试剂空白液中镉的含量。

五、结果计算

按下式计算样品中镉的含量：

$$x=\frac{m_1-m_2}{m}$$

式中　x——样品中镉的含量，mg/kg；

m_1——测定样品中镉的质量，μg；

m_2——试剂空白液中镉的质量，μg；

m——样品的质量，g。

六、实验注意事项

为防止非样品中镉的污染，实验中所用的所有玻璃器皿均需用 15% HNO_3 浸泡 24h 以上，并以自来水反复冲洗干净后，再用去离子水冲洗，晾干。

七、实验思考题

1. 以化学方程式表述实验原理。
2. 为什么镉标准储备液应储于聚乙烯瓶中？
3. 简述食品中镉污染的危害。

实验 7-8 薄层色谱法检测红辣椒粉中苏丹红Ⅰ号的含量

一、实验目的

掌握薄层色谱法（TLC）检测红辣椒粉中苏丹红Ⅰ号含量的原理和方法。

二、实验原理

苏丹红是一种人工合成的偶氮类、脂溶性的化工染色剂，系化工染料、非食品添加剂，严禁添加到食品中。苏丹红进入人体后，主要通过胃肠道微生物还原酶、肝和肝外组织微粒体和细胞质的还原酶进行代谢，生成相应的胺类物质。在多项体外致突变实验和动物致癌实验中，发现苏丹红的致突变性和致癌性与代谢生成的胺类物质有关。

样品中的苏丹红Ⅰ号经正己烷萃取后，以正己烷-乙醚为展开剂，在硅胶 G 薄板上展开，与标准品比较，根据斑点的 R_f 值定性，根据斑点的大小与颜色深浅进行定量。

三、实验器材

1. 试剂

1）常规试剂与溶液：丙酮、正己烷、乙醚、无水 Na_2SO_4、硅胶 G、丙酮-正己烷（1+19，体积比）、羧甲基纤维素钠溶液（CMC-Na，0.7%）、正己烷-乙醚（1+6，体积比）。

2）色谱用 Al_2O_3（中性，100～200 目）的处理：105℃干燥 2h，于干燥器中冷却至室温，每100g中加入2mL水，混匀后，密封，放置12h使用。

3）Al_2O_3色谱柱：在色谱柱管底部塞入一薄层脱脂棉，装入处理过的氧化铝至3cm高，轻轻敲击色谱柱，使氧化铝压实后，加一薄层脱脂棉，用10mL正己烷淋洗，洗净柱中杂质，备用。

4）苏丹红Ⅰ号标准储备液（40μg/mL）：取苏丹红Ⅰ号10.0mg，以少量乙醚溶解后，用正己烷定容至250mL。

5）苏丹红Ⅰ号标准使用液：吸取苏丹红Ⅰ号标准储备液0、0.1mL、0.2mL、0.4mL、0.8mL、1.6mL，用正己烷定容至25mL，此标准系列浓度为0、0.16μg/mL、0.32μg/mL、0.64μg/mL、1.28μg/mL、2.56μg/mL。

2. 仪器用具

硅胶薄板涂敷器、展开槽、微量注射器、玻璃薄层板（根据展开槽确定大小）、色谱柱（内径1cm、高5cm）、电吹风、旋转蒸发仪等。

3. 试材

3～4种市售红辣椒粉样品，各50g。

四、操作步骤

1. 样品提取

1）称取5.00g混合均匀的辣椒粉样品，置于150mL锥形瓶中，加入50mL正己烷，振荡5min，以2000 r/min离心10min，收集上清液。

2）沉淀以正己烷洗涤、离心至洗出液无色为止，每次用10mL。合并正己烷液，用旋转蒸发仪浓缩至5mL以下，但不能完全蒸干。

2. 样品净化

1）将上述样品提取浓缩液上样于氧化铝色谱柱中，以正己烷洗柱至流出液无色。

2）用60mL丙酮-正己烷洗脱，收集洗脱液，浓缩至干。以丙酮溶解干燥物并定容至5mL。

3. 薄层色谱分离

1）薄板的准备：将CMC-Na溶液与硅胶以3∶1的比例混合，在研钵中研磨均匀后，以硅胶薄板涂敷器将硅胶以0.5mm的厚度在玻璃板上涂布均匀，风干过夜。

2）点样：将20μL样品提取净化液点样于薄板上，同时点20μL不同浓度的苏丹红Ⅰ号标准使用液，以电吹风冷风吹干。

3）展开：将点样后的薄板置于含有正己烷-乙醚展开剂的展开槽中，饱和10min后，再展开至离薄板前沿2.5cm时，取出薄板，挥干。

4）观察：由于苏丹红Ⅰ号本身为红色，所以不需要任何显色剂就可观察到它的斑点。比较样品提取净化液与标准溶液的R_f值。根据R_f值进行定性，依据斑点大小与颜色深浅进行定量，分析样品提取净化液中苏丹红Ⅰ号的含量。

五、结果计算

根据下式计算样品中苏丹红Ⅰ号的含量。

$$x=\frac{A_0V_2}{mV_1}$$

式中　x——样品苏丹红Ⅰ号的含量，mg/kg；

A_0——样品提取净化液中苏丹红Ⅰ号的质量，μg；

m——样品的质量，g；

V_1——样品的点样体积，mL；

V_2——定容体积，mL。

六、实验注意事项

1. 本实验方法中苏丹红Ⅰ号的最低检出量为 2μg。

2. 如果没有合适的色谱柱，可用大小合适的注射器代替。在样品提取液的柱色谱净化过程中，为保证效果，应控制上样量，使氧化铝柱中色素带宽小于 0.5cm。

3. CMC-Na 溶液与硅胶一定要研磨均匀，可以用玻璃棒蘸一点混合液，当它们下滴速率大致相等时，即表示研磨均匀一致了。如果在展开剂中加入少量的 CH_3Cl，结果更易于观察。

4. 苏丹红Ⅰ号的斑点颜色能稳定 3 d 而不褪色。

5. 本方法操作简便、快速，适合快速筛选大批量样品。对于结果为阳性的样品，可以采用 HPLC 进行进一步确证。

七、实验思考题

1. 样品中的苋莱红和胭脂红等水溶性色素是否影响实验结果？为什么？

2. 样品提取液净化过程应该注意哪些问题？

3. 本方法是否也适合于检测红辣椒粉中其他苏丹红（Ⅱ号、Ⅲ号、Ⅳ号）色素？为什么？

实验 7-9　面粉中吊白块的检测

一、实验目的

1. 了解离子色谱仪的结构和分析方法。

2. 掌握离子色谱法检测面粉中吊白块的原理与方法。

二、实验原理

吊白块化学名称为甲醛次硫酸氢钠，有漂白作用。本实验利用稀碱提取面粉中的吊白块，过 C_{18} 小柱去除有机干扰组分后，以阴离子柱进行分离，离子色谱法测定。依据保留定性，外标法定量，能检测面粉中吊白块残留量。

三、实验器材

1. 试剂

甲醇、氢氧化钠、超纯水（Milipore 纯水系统制备）、0.01mol/L NaOH 提取液。

吊白块标准贮备液：精确称取0.1000g甲醛次硫酸氢钠（吊白块）固体于100mL容量瓶中，用NaOH提取液溶解并定容至刻度，摇匀。临用时用NaOH提取液稀释成0.01mg/mL的吊白块标准溶液。

2. 仪器

离子色谱仪：带KOH淋洗液发生器和自动进样器；固相萃取仪；C_{18}小柱；超声波清洗器。

四、操作步骤

1. 色谱条件

AS-19阴离子柱分析柱，AG-19型保护柱，柱温30℃。

KOH（10mmol/L）淋洗液，流速：1.0mL/min。

ASRS-UL-TRAIL 4mm抑制器，自循环模式，抑制电流50mA。

电导检测器，检测池温度30℃。

进样体积：25μL。

2. 标准曲线绘制

分别吸取吊白块标准溶液（0.01mg/mL）0.00、0.50mL、1.00mL、1.50mL、2.00mL于10mL比色管中，用NaOH提取液定容至刻度，摇匀，配成相当于浓度为0.00、0.50mg/L、1.00mg/L、1.50mg/L、2.00mg/L的吊白块标准系列溶液，经0.2μm微孔滤膜过滤后装入自动进样器样品管中进行检查，以峰面积（A）对浓度（c，mg/L)作图，得标准曲线。

3. 试样的制备

称取约5.00g面粉样品于100mL烧杯中，加NaOH提取液30mL超声提取10min，过滤，滤渣继续用NaOH提取液洗涤2～3次后弃去，合并滤液于100mL容量瓶中，用提取液定容至刻度，摇匀。于固相萃取仪上以10滴/min的流速将C_{18}小柱依次用5mL甲醇和10mL超纯水清洗后，将样品溶液上柱，弃去前5mL流出液，收集5mL流出液，经0.2μm微孔滤膜过滤后装入自动进样器样品管中，供离子色谱分析。

五、结果计算

$$X=\frac{c\times V}{m}$$

式中 X——甲醛次硫酸氢钠含量，mg/kg；

c——样液中甲醛次硫酸氢钠浓度（从标准曲线上查得），mg/L；

V——样液总体积，mL；

m——样品质量，g。

六、实验注意事项

1. 吊白块是一种弱酸盐，在碱性条件下其水溶液会电离产生稳定存在于溶液中的甲醛次硫酸氢根，采用超声提取10min可提高提取速度，使样液中微量残留的吊白块浓度较快达到最大值。

2. 本法定量检出限为0.05mg/L。

七、实验思考题

1. 吊白块经加热后可分解成甲醛和二氧化硫，利用检测甲醛和二氧化硫的方法，将所得的结果叠加，是否能得出吊白块的含量？与本实验的方法比较，有哪些不妥之处？

2. 本方法中，使用C_{18}小柱的主要目的是什么？

实验 7-10　分光光度法检测水发食品中甲醛的含量

一、实验目的

掌握比色法测定水发食品中甲醛含量的原理与方法。

二、实验原理

样品中的甲醛在磷酸介质中经水蒸气加热蒸馏，冷凝后经水溶液吸收，蒸馏液与乙酰丙酮反应，生成黄色的二乙酰基二氢二甲基吡啶，用分光光度计在413nm处比色定量。

三、实验器材

1. 试剂

磷酸溶液（1+9）：取100mL磷酸，加入900mL水中，混匀。

乙酰丙酮溶液：称取乙酸铵25g，溶于100mL蒸馏水中，加冰醋酸3mL和乙酰丙酮0.4mL，混匀，贮存于棕色瓶中，在2～8℃冰箱内保存。

0.1mol/L碘溶液：称取40g碘化钾，溶于25mL水中，加入12.7g碘，待碘完全溶解后，加水定容至1000mL，移入棕色瓶中，暗处贮存。

1mol/L氢氧化钠溶液、硫酸溶液（1+9）、0.1mol/L硫代硫酸钠标准溶液。

0.5%淀粉溶液：此溶液应当日配制。

甲醛标准贮备液：吸取0.3mL含量为36%～38%的甲醛溶液于100mL容量瓶中，加水稀释至刻度，即为甲醛标准贮备液，冷藏保存2周。

甲醛标准溶液（5μg/mL）：根据甲醛标准贮备液的浓度，精密吸取适量于100mL容量瓶中，用水定容至刻度，配制甲醛标准溶液，混匀备用，此液应当日配制。

2. 仪器

分光光度计等。

四、操作步骤

1. 样品处理

取样品的水发溶液或将样品沥水后取可食部分用组织捣碎机捣碎，称取10g于250mL圆底烧瓶中，加入20mL蒸馏水，用玻璃棒搅拌均匀，浸泡30min后加10mL磷酸（1+9）溶液后立即通入水蒸气蒸馏。接收管下口事先插入盛有20mL蒸馏水且置于冰浴的蒸馏液接收装置中。收集蒸馏液至200mL，同时做空白对照实验。

2. 甲醛标准贮备液的标定

精密吸取配好的甲醛溶液10.00mL，置于250mL碘量瓶中，加入25.00mL 0.1mol/L碘溶液、7.50mL 1mol/L氢氧化钠溶液，放置15min；再加入10.00mL（1＋9）硫酸，放置15min；用浓度为0.1mol/L的硫代硫酸钠标准溶液滴定，当滴定至淡黄色时，加入1.00mL 0.5％淀粉指示剂，继续滴定至蓝色消失，记录所用硫代硫酸钠体积 V_1（mL）。同时用水作试剂做空白滴定，记录空白滴定所用硫代硫酸钠体积 V_0（mL）。

甲醛标准贮备液的浓度按下式计算：

$$X_1=\frac{(V_0-V_1)\times c\times 15\times 1000}{10}$$

式中　X_1——甲醛标准贮备液中甲醛的浓度，mg/L；

V_0——空白滴定消耗硫代硫酸钠标准溶液的体积，mL；

V_1——滴定甲醛消耗硫代硫酸钠标准溶液的体积，mL；

c——硫代硫酸钠溶液的浓度，mol/L；

15——1mL 1mol/L碘相当的甲醛的量，mg；

10——所用甲醛标准贮备液的体积，mL。

3. 标准曲线的绘制

精密称取5μg/mL甲醛标准液0、2.0mL、4.0mL、6.0mL、8.0mL、10.0mL于20mL纳氏比色管中，加水至10mL；加入1mL乙酰丙酮溶液，混合均匀，置沸水浴中加热10min，取出用水冷却至室温；以空白液为参比，于413nm处，以1cm比色管进行比色，测定吸光度，绘制标准曲线。

4. 样品测定

根据样品蒸馏液中甲醛浓度高低，吸取蒸馏液1～10mL，补充蒸馏水至10mL，测定过程同标准曲线的绘制，记录吸光度。每个样品应做两个平行测定，以其算术平均值为分析结果。

五、结果计算

$$X_2=\frac{c_2\times 10}{m_2\times V_2}\times 200$$

式中　X_2——样品中甲醛的含量，mg/kg；

c_2——查曲线结果，μg/mL；

10——显色溶液的总体积，mL；

m_2——样品质量，g；

V_2——样品测定取蒸馏液的体积，mL；

200——蒸馏液总体积，mL。

六、实验注意事项

1. 样品中甲醛的检出限为0.50mg/kg。

2. 甲醛标准液使用前应标定。

七、实验思考题

1. 定性筛选法和定量测定法各有什么优缺点？
2. 影响定量测定准确性的因素有哪些？

实验 7-11 酱油中 3-氯-1,2-丙二醇含量的 GC 法测定

一、实验目的

掌握用气相色谱-氢火焰离子化检测器检测酱油中 3-氯-1,2-丙二醇含量的原理和方法。

二、实验原理

氯丙醇（chloropropanol）是指甘油结构中的羟基被氯原子取代后所形成的一类化合物，包括 3-氯-1,2-丙二醇（3-monochlorapronane-1,2-diol，3-MCPD）、2-氯-1,3-丙二醇（2-monochlorapronane-1,3-diol，2-MCPD）、双氯取代的 1,3-二氯-2-丙醇（1,3-dichloro-2-propanol，1,3-DCP）和 2,3-二氯-1-丙醇（2,3-dichloro-1-propanol，2,3-DCP）等 4 种化合物。

食品中的氯丙醇主要来源于酸水解的植物蛋白液。酸水解植物蛋白液是以含有植物蛋白的脱脂大豆、花生粕、小麦蛋白或玉米蛋白为原料，经盐酸水解、碱中和制成的液体调味品，常被用于配制酱油、鸡精和汤料等。在植物蛋白中，由于常伴有脂肪，在高温下脂肪水解产生甘油，并被氯化取代，形成氯丙醇，从而引起这些食品的污染。在植物蛋白的酸水解液中，3-MCPD 含量较高，所以通常只需测定该成分。另外，氯丙醇的其他来源还包括袋泡茶的包装袋、以含氯凝聚剂制成的净水剂、被包装工业称为"第三代"食品包装材料的聚-3-氯-1,2-环丙烷树脂等。

氯丙醇主要损害人体的肝、肾、神经系统，具有致癌性。

样品中的 3-氯-1,2-丙二醇（3-MCPD）经色谱柱分离、净化后，与苯基硼酸衍生成 3-氯-1,2-丙二醇苯基硼酸酯。该衍生物经气相色谱分离后，通过氢火焰离子化检测器测定，以内标法定量。

三、实验器材

1. 试剂

1）常规试剂：正己烷、无水乙醚、丙酮、无水硫酸钠（650℃灼烧 4h，冷却后储于密闭容器中）、苯基硼酸（纯度≥97%）、Extrelut NT 硅藻土。

2）常规溶液：苯基硼酸溶液（250mg/mL，称取 6.25g 苯基硼酸，加 1.25mL 水，以丙酮溶解并定容至 25mL）、NaCl 溶液（120g/L、30g/L）。

3）3-MCPD 标准储备液（1mg/mL）：称取 0.100g 3-MCPD（纯度≥99%）于 100mL 容量瓶中，用 120g/L NaCl 溶液溶解并定容。

4）1,2-丙二醇内标溶液（1%，体积分数）：取 0.5mL 1,2-丙二醇（纯度≥99%）于

50mL 容量瓶中，用水溶解并定容。

2. 器材用具

气相色谱仪（带氢火焰离子化检测器）、石英毛细管柱（25 m×0.2mm，0.33μm）、超声波发生器、旋转蒸发器、玻璃色谱柱等。

3. 试材

3～4 种不同品牌的酱油，各 50mL。

四、操作步骤

1. 样品提取和衍生

1）取 10.000g 酱油置于底层装有 1g 无水硫酸钠、上层装有 7g 硅藻土的玻璃色谱柱中。打开色谱柱活塞，使酱油进入硅藻土中，关闭活塞，静置 40min。

2）以 150mL 无水乙醚洗涤色谱柱，流速为 3mL/min，收集淋洗液于 250mL 具塞锥形瓶中。

3）将淋洗液旋转蒸发浓缩至近干，以 30g/L NaCl 溶液溶解，洗涤浓缩液 3 次，每次 1mL，溶液转移至 10mL 具塞比色管中。

4）加入 0.10mL 内标溶液和 1mL 苯基硼酸溶液于比色管中，塞紧比色管，摇匀，于 90℃保温 20min 后，冷却至室温。

5）加入 2mL 正己烷，振摇 1min，静置分层后，将上清液移入 10mL 具塞样品瓶中，供测定。

2. 测定

1）相对质量校正因子的测定：取 10.000g 酱油样品，添加适量的 3-MCPD 标准储备液后，按"样品提取和衍生"的实验步骤处理后，按下述色谱条件测定。扣除试剂本底，按下式计算 3-MCPD 的相对质量校正因子 f。

$$f=\frac{A_{内1}}{A_1-A}\times\frac{m_1}{1036}$$

式中 $A_{内1}$——添加标准储备液后 1,2-丙二醇内标衍生物的峰面积；

A_1——添加标准储备液后 3-氯-1,2-丙二醇衍生物的峰面积；

A——样品本底中内标物衍生物的峰面积折算成等同于 $A_{内1}$ 时，相应的 3-MCPD 衍生物的峰面积；

m_1——添加标准储备液的质量，μg；

1036——1,2-丙二醇内标物的质量，μg。

2）取 2μL 样品提取衍生溶液，注入气相色谱仪，在下述色谱条件下进行测定。根据保留时间，确定 3-MCPD 和 1,2-丙二醇衍生物响应峰的位置，并记录 3-MCPD 衍生物和 1,2-丙二醇衍生物响应峰的面积，计算样品中 3-MCPD 的含量。

3）色谱参考条件：色谱柱为石英毛细管色谱柱；色谱柱升温程序为 120℃（恒温 1min）→（5℃/min）180℃→（20℃/min）280℃（恒温 15min）；进样口温度为 250℃；检测器温度为 300℃；氢气流速为 30mL/min；空气流速为 400mL/min；尾吹气流速为 30mL/min；载气为高纯氦气（纯度≥99.99%），柱头压为 100 kPa，流速为 0.46mL/min；进样方式为分流进样，分流比为 20∶1。氢气、空气和尾吹气的流速可依据仪器说明书适当调整。

五、结果计算

样品中 3-MCPD 的含量按下式计算：

$$x=\frac{A_2}{A_{内2}}\times f\times\frac{1036}{m}$$

式中 x——样品中 3-氯-1,2-丙二醇（3-MCPD）的含量，mg/kg；

f——3-氯-1,2-丙二醇的相对质量校正因子；

$A_{内2}$——样品中 1,2-丙二醇衍生物响应峰的面积；

A_2——样品中 3-氯-1,2-丙二醇衍生物响应峰的面积；

1036——内标物的质量，μg；

m——样品的质量，g。

六、实验注意事项

操作步骤中的色谱条件仅供参考。在实际实验过程中应根据仪器型号和实验室条件进行调整。

七、实验思考题

1. 写出 3-MCPD 与苯基硼酸衍生成 3-氯-1,2-丙二醇苯基硼酸酯的化学反应方程式。
2. 简述酱油中氯丙醇的来源与危害。

实验 7-12 牛奶中雌三醇、雌二醇和雌酮残留的 HPLC 分析

一、实验目的

掌握 HPLC 分析测定牛奶中雌三醇、雌二醇和雌酮激素残留的原理和方法。

二、实验原理

雌三醇、雌二醇和雌酮属于性激素。动物激素在动物疾病预防与治疗以及增加动物产量等方面发挥着非常重要的作用，但是动物激素的残留也日趋严重。动物组织中激素残留的水平通常都很低，这种残留主要产生慢性、蓄积毒性以及致畸、致癌和致突变作用。食品性动物的肝、肾和激素的注射或埋植部位常有大量的残留，被人食用后可干扰人体正常的激素作用。

以乙腈为提取溶剂，提取牛奶中的雌三醇、雌二醇和雌酮激素残留。提取液经正己烷脱脂净化后，采用 HPLC 仪，以二极管阵列检测器对牛奶中的雌三醇、雌二醇和雌酮 3 种雌激素残留进行分析。

三、实验器材

1. 试剂

1）常规试剂：乙腈（纯度≥99.9%）、无水硫酸钠、无水碳酸钠、正己烷和甲醇。

2）雌三醇、雌二醇和雌酮标准溶液（20mg/L）：分别称取雌三醇、雌二醇和雌酮标准品（纯度大于99.9%）适量，以甲醇溶解并定容。

2. 器材用具

高效液相色谱仪（带二极管阵列检测器）、旋转蒸发器、超声波发生器、蒸发仪等。

3. 试材

3～4种不同品牌的液态奶产品，各50mL。

四、操作步骤

1. 样品提取

1）取10.0mL牛奶置于50mL带盖的塑料离心管中，加10g无水硫酸钠、30mL乙腈，混匀后，置于超声波发生器中，处理30min。

2）以4000 r/min离心10min，沉淀以10mL乙腈洗涤离心2次，收集合并上清液。

3）上清液过无水碳酸钠后，于40℃旋转蒸发至近干，以5mL乙腈溶解残留物，转移至浓缩管中，于40℃水浴中挥发至近干，以甲醇溶解并定容至1mL。

4）加入2mL正己烷，混匀，以4000 r/min离心5min，甲醇层以0.45μm的微孔滤膜过滤，滤液待用。

2. 测定

1）将标准溶液及试样液分别注入液相色谱仪，以保留时间定性，用外标法定量。

2）参考色谱条件：色谱柱为Diamonsil高效液相色谱柱；检测波长为280nm；柱温为40℃；流动相为乙腈-水，采用梯度洗脱方法，0～3min乙腈-水（7＋13，体积比），3～7min乙腈由35%升至55%，保持10min；流速为1.0mL/min；进样量为10μL。

五、结果计算

按下式计算牛奶中各激素的含量：

$$x=\frac{Af}{m}$$

式中 x——试样中各激素的含量，μg/kg；

A——试样色谱峰与标准色谱峰的峰面积比值对应的各激素的质量，ng；

f——试样稀释倍数；

m——试样的取样量，g。

六、实验注意事项

在本实验条件下，雌三醇、雌二醇和雌酮在0.5～10μg/mL范围内有良好的线性关系。

七、实验思考题

1. 简述雌激素的种类及其功能。
2. 简述奶制品中雌性激素残留对人体的危害。
3. 简述二极管阵列检测器的工作原理。

实验 7-13 牛奶中罗红霉素残留的紫外分光光度法测定

一、实验目的

掌握紫外分光光度法检测牛奶中罗红霉素残留量的原理与方法。

二、实验原理

罗红霉素是红霉素的一种衍生产品，属大环内酯类抗生素，细菌对此类抗生素易产生耐药性。这类抗生素残留在体内蓄积到一定的浓度，可造成前庭和耳蜗神经损害，导致眩晕和听力减退，还可造成肝肾损害。经常食用含低剂量此类抗生素残留的食品能使易感个体出现药热、皮疹等过敏性反应，严重者可引起过敏性休克，甚至危及生命。

罗红霉素在冰醋酸中被浓盐酸降解后，可与对二甲氨基苯甲醛形成在 486nm 波长处有最大吸收的有色物质，与标准品比较，通过比色可实现定量分析。

三、实验器材

1. 试剂

1）常规试剂与溶液：冰醋酸、盐酸、95％乙醇、对二甲氨基苯甲醛、HCl-冰醋酸混合液（2＋1，体积比）。

2）显色剂：0.5％对二甲氨基苯甲醛，以冰醋酸配制。

3）罗红霉素标准溶液（0.8mg/mL）：称取适量罗红霉素标准品（纯度≥99％），以95％乙醇配制。

2. 仪器

紫外可见分光光度计、离心机、超声波清洗器等。

3. 试材

2～3 种新鲜牛奶，各 50mL。

四、操作步骤

1. 样品提取

称取 1.00g 样品于 100mL 具塞锥形瓶中，加入 95％乙醇 10mL，振摇使之分散均匀，超声提取 20min，以 4000 r/min 离心 10min，上清液为样品提取液。

2. 测定

1）取罗红霉素标准溶液 0、0.5mL、1.0mL、1.5mL、2.0mL、2.5mL，分别置于50mL 容量瓶中，加冰醋酸 20mL、显色剂 5.0mL，再加 HCl-冰醋酸混合液至刻度，摇匀，对应的罗红霉素的浓度分别为 0、8μg/mL、16μg/mL、24μg/mL、32μg/mL、40μg/mL。

2）于 25～35℃放置 15min 后，于 486nm 波长处分别测定 A_{486}。以浓度为横坐标、A_{486} 为纵坐标，绘制标准曲线。

3）取样品提取液 2mL，按 1）、2）所述方法，测定样品提取液的 A_{486}。根据标准曲线，计算提取液中罗红霉素的浓度。同时做试剂空白。

五、结果计算

按下式计算样品中罗红霉素的含量：

$$x=\frac{cV}{m}$$

式中 x——样品中罗红霉素的含量，mg/kg；

c——样品提取液中罗红霉素的浓度，μg/mL；

m——样品的质量，g；

V——样品提取液的体积，mL。

六、实验注意事项

在测定过程中，应根据样品中罗红霉素的含量，确定样品提取液的使用量。

七、实验思考题

1. 写出罗红霉素在冰醋酸中被浓 HCl 降解，并与对二甲氨基苯甲醛形成有色物质的化学反应式。

2. 如果样品中还含有其他大环内酯类抗生素，它们是否会对实验结果产生影响？为什么？

实验 7-14　气相色谱法测定食品中有机磷农药残留量

一、实验目的

掌握气相色谱法检测食品中有机磷农药残留的原理，了解测定步骤；了解农药残留检测中前处理的一般流程；了解气相色谱检测农药残留的计算方法。

二、实验原理

利用有机溶剂提取样品中残留的有机磷农药，再经液液分配和凝结净化等步骤去除干扰物，浓缩定容后使用气相色谱的氮磷检测器（NPD）或火焰光度检测器（FID）检测，根据色谱峰的保留时间定性，外标法定量。

三、实验器材

1. 试剂

1）乙腈；丙酮（需重蒸）；氯化钠；无水硫酸钠（在 140℃烘 4h 后放入干燥器备用）。

2）农药标准品：速灭磷、甲拌磷、二嗪磷、水胺硫磷、甲基对硫磷、稻分散、杀螟硫磷、异稻瘟净、溴硫磷、杀扑磷，纯度为 95.0%～99.0%。

3）农药标准储备液的制备：准确称取一定量的农药标准样品（精确至 0.1mg），以丙酮为溶剂，分别配制浓度为0.5mg/mL的速灭磷、甲拌磷、二嗪磷、水胺硫磷、甲基对硫磷、稻分散，浓度为0.7mg/mL的杀螟硫磷、异稻瘟净、溴硫磷、杀扑磷储备液，冰箱中保存。

4）农药标准中间溶液的配制：准确量取一定量的上述10种储备液于50mL容量瓶中，用丙酮定容至刻度，配制成浓度为50μg/mL的速灭磷、甲拌磷、二嗪磷、水胺硫磷、甲基对硫磷、稻分散，100μg/mL的杀螟硫磷、异稻瘟净、溴硫磷、杀扑磷标准中间溶液。

5）农药标准工作液的配制：分别吸取上述标准中间溶液每种10mL于100mL容量瓶中，用丙酮定容至刻度，得混合标准工作液，冰箱中保存备用。

2. 仪器

旋转蒸发仪、振荡器、万能粉碎机、组织捣碎机、真空泵、水浴锅、高速匀浆机、气相色谱仪（带NPD检测器或FID检测器；载气：高纯氮气，纯度＞99.99%；燃气：氢气；助燃气：空气）。

四、操作步骤

1. 样品准备

1）粮食样品：取500g具代表性的小麦、稻米、玉米等样品粉碎后过40目筛，混匀，装入样品瓶中备用。

2）水果、蔬菜：取有代表性的新鲜水果、蔬菜的可食部位1000g，切碎，装入塑料袋中备用。

准备好的粮食、水果、蔬菜样品在－18℃冷冻箱中保存。

2. 提取

准确称取25.0g试样于匀浆机中，加入50.0mL乙腈高速匀浆2min后用滤纸过滤，收集滤液40～50mL于装有5～7g氯化钠的100mL具塞量筒中，盖上塞子，剧烈振荡1min，在室温下静置30min，使乙腈和水相分层（乙腈相在水相上方）。

3. 净化与浓缩

从具塞量筒中吸取10.00mL乙腈溶液放入100mL烧瓶（与旋转蒸发仪配套）中，将烧瓶连接在旋转蒸发仪上，于45℃水浴上旋转蒸发至近干（剩余溶液1～2mL），用空气流缓缓吹干，加入2.0mL丙酮溶解后完全转移至15mL刻度试管中，再用约3mL丙酮分3次冲洗烧瓶并转移至离心管中，用丙酮定容至5.0mL。

将上述溶液在漩涡混合器上混匀，分别移入2个2mL样品瓶中，供色谱测定。如果定容后的样品溶液过于混浊，可以用0.2μm滤膜过滤后再进行测定。

4. 气相色谱测定

1）氮磷检测的测定参考条件　色谱柱：石英弹性毛细管柱HP-5，30 m×0.32μm（i.d）或相当者；检测器：NPD；检测温度：300℃；气体流速：氮气3.5mL/min，氢气3mL/min，空气60mL/min；尾气（氮气）10mL/min；色谱柱温度：柱温采用程序升温方式，130℃保温3min后，以5℃/min升温至140℃，在140℃下保温65min。

2）火焰光度检测器测定参考条件　色谱柱：石英弹性毛细管柱DB-17，30m×0.53μm（i.d）或相当者；检测器：FID；进样口温度：200℃；检测器温度：300℃；气体流速：氮气 9.8mL/min，氢气 75mL/min，空气 100mL/min，尾气（氮气）10mL/min；色谱柱温度：柱温采用程序升温方式，150℃保温 3min 后，以 8℃/min 升温至 250℃，在 250℃下保温 10min。

3）进样　进样方式：使用微量进样器不分流进样。进样量 1～4μL。标准品的进样体积与试样进样体积相同。

当一个标样连续进样 2 次，其峰面积的相对偏差不大于 7%，即认为仪器处于稳定状态。在实际测定时标准品与试样应交叉进样分析。

4）定性分析　组分出峰次序：速灭磷、甲拌磷、二嗪磷、异稻瘟净、甲基对硫磷、杀螟硫磷、水胺硫磷、溴硫磷、稻分散、杀扑磷。检验可能存在的干扰，可采用双柱定性进行确证。

5）定量分析　吸取 1μL 混合标准溶液注入气相色谱仪中，记录峰面积的保留时间和峰面积；再吸取 1μL 试样，注入气相色谱仪，记录色谱峰的保留时间和峰面积。根据色谱峰的保留时间和峰面积采用外标法定性和定量。

五、结果计算

按下式计算试样中被测农药残留量：

$$X=\frac{V_1\times A\times V_3}{V_2\times A_S\times m}\times \rho$$

式中　X——试样中被测农药残留量，mg/kg；

ρ——标准溶液中农药的质量浓度，mg/L；

A——样品溶液中被测农药的峰面积；

A_S——标准溶液中被测农药的峰面积；

V_1——提取溶剂总体积，mL；

V_2——吸取出用于检测的提取溶液的体积，mL；

V_3——样品溶液的最后定容体积，mL；

m——试样质量，g。

计算结果保留 2 位有效数字；当结果大于 1mg/kg 时保留 3 位有效数字。

六、实验注意事项

1. 涉及有毒农药标准品，在实验过程中需具备相应的防护措施。

2. 本实验涉及多种有机磷农药同时测定，不同实验室可根据条件选择 1 种或几种相关农药进行测定试验。

3. 在移取乙腈相至具塞量筒中时，需特别注意不要将溶液全部蒸干，必须剩余 1～2mL，然后用空气流（或氮气流）吹干，否则将造成回收率显著降低。在最后定容时，溶液中如仍有水分存在，可加入少量无水硫酸钠脱水。

七、实验思考题

1. 在农药、兽药残留的测定时，为了了解某种检测方法的可靠性，常常需要做空白试验，就本实验的操作步骤简单描述如何进行空白试验。

2. 在农药残留的测定时，对于方法的回收率一般要求 70%～110%，试解释其原因。

第八章 食品掺假检验

实验 8-1 原料乳与乳制品中三聚氰胺的 HPLC 检测

一、实验目的

掌握 HPLC 法检测乳及其制品中三聚氰胺的原理与方法。

二、实验原理

三聚氰胺（melamine）是一种三嗪类含氮杂环有机化合物，是一种用途广泛的有机化工中间产品，最主要的用途是作为生产三聚氰胺甲醛树脂的原料。由于我国采用凯氏定氮法测定牛奶和饲料中蛋白质的含量，三聚氰胺被不法商人掺杂进食品或饲料中，以提升食品或饲料检测中的蛋白质含量。与蛋白质平均含氮量 16%相比，三聚氰胺含氮量高达 66%，因此被称为“蛋白精”。三聚氰胺没有气味、颜色和味道，掺杂后不易被发现。

三聚氰胺进入人体后，发生水解取代反应，生成三聚氰酸，三聚氰酸和三聚氰胺形成网状结构，形成结石。尽管三聚氰胺被认为毒性轻微，但是动物和人长期摄入会造成生殖、泌尿系统的损害，产生膀胱、肾脏结石，并可进一步诱导膀胱癌。

样品中的三聚氰胺经三氯乙酸-乙腈提取，阳离子交换固相萃取柱净化后，用高效液相色谱测定，外标法定量。

三、实验器材

1. 试剂

1）常规试剂及其他：甲醇（色谱纯）、乙腈（色谱纯）、氨水（25%～28%）、三氯乙酸、柠檬酸、辛烷磺酸钠（色谱纯）、定性滤纸、海砂［化学纯，粒度为 0.65～0.85mm，二氧化硅（SiO_2）含量为 99%］、0.2μm 微孔滤膜、氮气（纯度≥99.999%）。

2）常规溶液：甲醇水溶液（1＋1，体积比）、三氯乙酸溶液（1%）、5%氨水-甲醇（1＋19，体积比）、离子对试剂缓冲液（取 2.10g 柠檬酸和 2.16g 辛烷磺酸钠，加入约 980mL 水溶解，调节 pH 至 3.0 后，定容至 1L）。

3）阳离子交换固相萃取柱：混合型阳离子交换固相萃取柱，基质为苯磺酸化的聚苯乙烯-二乙烯基苯高聚物，填料装填量 60mg，柱床体积 3mL，或相当者。使用前依次用 3mL 甲醇、5mL 水活化。

4）三聚氰胺标准储备液（1mg/mL）：称取 100.0mg 三聚氰胺标准品（纯度大于 99.0%）于 100mL 容量瓶中，用甲醇水溶液溶解并定容至刻度，于 4℃避光保存。

2. 仪器用具

高效液相色谱仪（带紫外检测器）、离心机、超声波水浴、固相萃取装置、氮气吹干仪、涡漩混合器等。

3. 试材

4～5 种液态奶、奶粉、酸奶、冰淇淋或奶糖，各 50g。

四、操作步骤

1. 样品提取

1）称取 2.00g 样品于 50mL 具塞塑料离心管中，加入 15mL 三氯乙酸溶液和 5mL 乙腈，超声提取 10min，再振荡提取 10min 后，以 4000 r/min 离心 10min。

2）上清液经三氯乙酸溶液湿润的滤纸过滤后，以三氯乙酸定容至 25mL。

3）取 5mL 滤液，加入 5mL 水混匀后用于净化。

2. 样品净化

1）将上述待净化液转移至固相萃取柱中，依次用 3mL 水和 3mL 甲醇洗涤，抽至近干后，用 6mL 5%氨水-甲醇洗脱。在整个固相萃取过程中，流速不超过 1mL/min。

2）洗脱液于 50℃下用氮气吹干，残留物（相当于 0.4g 样品）用 1mL 流动相定容，涡漩混合 1min，过 0.45μm 微孔滤膜后，供 HPLC 测定。

3. 测定

1）标准曲线的绘制：用流动相将三聚氰胺标准储备液逐级稀释得到浓度为 0.8μg/mL、2μg/mL、20μg/mL、40μg/mL、80μg/mL 的标准工作液，按浓度由低到高进样检测，以峰面积-浓度作图，求标准曲线回归方程。

2）样品测定：将样品提取净化液注入 HPLC 仪进行分析，根据峰面积求得三聚氰胺的含量。注意：待测样液中三聚氰胺的响应值应在标准曲线线性范围内，超过线性范围则应稀释后再进行分析。

3）参考色谱条件：色谱柱为 C_{18} 柱［250mm×4.6mm（内径），5μm］或 C_8 柱［250mm×4.6mm（内径），5μm］；流动相：C_8 柱采用离子对试剂缓冲液-乙腈（17＋3，体积比），C_{18} 柱采用离子对缓冲液-乙腈（90＋10，体积比）；流速为 1.0mL/min；柱温为 40℃；检测波长 240nm；进样量 20μL。

五、结果计算

按下式计算样品中三聚氰胺的含量：

$$x=\frac{AcV}{A_S m}\times f$$

式中 x——三聚氰胺的含量，mg/kg；

A——样液中三聚氰胺的峰面积；

c——标准溶液中三聚氰胺的浓度，μg/mL；

V——样液的最终定容体积，mL；

A_S——标准溶液中三聚氰胺的峰面积；

m——样品的质量，g；

f——稀释倍数。

六、实验注意事项

1. 操作步骤中的色谱条件仅供参考，具体的色谱条件应根据仪器设备的型号和实验条件进行调整。

2. 本方法的最低检出限为 2.0mg/kg。

3. 在实验中，应设计空白试验。空白试验除不称取样品外，其他过程均按样品处理步骤和条件进行。

七、实验思考题

1. 如果测试样品是奶酪、奶油和巧克力，应如何去除油脂的干扰？

2. 简述三聚氰胺对人体的危害。

实验 8-2 牛奶及奶粉掺假检测

一、实验目的

掌握检测牛奶中常见掺假成分的原理与方法。

在食品中掺入与原产品相比价值低、质量劣物质的行为称为掺假。掺假不仅是一种经济上的欺诈行为，严重损害消费者的利益，而且有些掺假活动，由于加入的是不能食用或者对人体有毒有害的物质，还会损害消费者的身体健康。牛奶、奶粉是大众化食品，掺假现象时有发生。有些掺假通过感官检查就可判断出来，但不少掺假需要通过物理和化学的方法才能做出判断。

二、实验内容

（一）牛奶的感官指标

鲜牛奶为白色或稍带微黄色；呈均匀的胶态流体，无沉淀、凝块及机械杂质，无黏稠和浓厚现象；有鲜乳特有的乳香味，无其他任何异味。滋味可口而稍甜，有鲜乳特有的醇香味，无其他任何异味。

（二）乳中掺水

往牛乳中掺水的后果是导致牛乳的浓度降低。

1. 全乳相对密度检测

正常牛乳的相对密度值（20℃/20℃）为 1.028～1.032。可通过测定牛乳的相对密度值判断牛乳是否掺水。如测出的相对密度值低于 1.028（20℃/20℃），则该牛乳有掺假的可能。

2. 乳清相对密度检测

牛乳的相对密度值受乳脂含量影响。如果牛乳既掺水又脱脂，则可能全乳的相对密度值不会发生太大变化。所以检测牛乳的密度变化，最好是检测乳清的相对密度值。正常乳清的相对密度值为1.027～1.031。

检测方法：取牛乳样品200mL置锥形瓶内，加20%醋酸溶液4mL，于40℃水浴中加热至出现酪蛋白凝固，置室温冷却后，用两层纱布夹一层滤纸过滤，滤液（即乳清）用乳稠计测量相对密度（乳稠度）。

（三）乳或奶粉中掺入淀粉、面粉类物质

淀粉、面粉类物质会增加奶的重量和提高密度，这类物质在浓缩工艺中常常会发生焦管现象，故必须严把质量关。对这类掺假可用碘-淀粉反应检出。

检验方法：吸取乳样5mL于试管中，加20%醋酸0.5mL。混匀后过滤，滤液收集于另一干净试管中，加热煮沸，滴加2%碘液5滴，同时做正常乳清试验，观察颜色。

判别：呈现蓝色或蓝青色为掺淀粉、米汁；呈红紫色为掺糊精。

（四）乳中掺尿素

在鲜奶中加尿素可提高其蛋白质含量测定结果。用格里斯试剂可检测。其原理为：尿素与亚硝酸盐在酸性溶液中发生反应生成二氧化碳气体逸出，而亚硝酸盐可与格里斯试剂发生偶氮反应生成紫红色染料，尿素会影响该反应的发生。

$$2NO_2^- + CO(NH_2)_2 + 2H^+ \longrightarrow CO_2 + 2N_2 + 3H_2O$$

格里斯试剂的配制：称取89g酒石酸、10g对氨基苯磺酸和1g α-萘胺，在研钵中研细混匀后装入棕色瓶备用。

0.05%亚硝酸钠溶液：称取50mg亚硝酸钠溶解于100mL蒸馏水中，置棕色瓶保存备用。

检测方法：取被检乳样3mL放入大试管中，加入0.05%亚硝酸钠溶液0.5mL，加入浓硫酸1mL，将胶塞盖紧摇匀，待泡沫消失后向试管中加入约0.1g格里斯试剂。充分摇匀，待25min后观察结果。

结果判定：紫红色为不含尿素合格乳；不变色则为含尿素异常乳。

（五）乳中掺豆浆

在牛乳中掺入价格低得多的豆浆，也是一种较为普遍的掺假行为。根据豆浆中含有皂角素，可在碱性条件下呈黄色，以及与碘呈绿色反应而判别。

1. 皂素呈色法

吸取乳样5mL于试管中，加乙醇-乙醚（体积比为1∶1）混合液5mL，加KOH溶液10mL，混匀，10min后观察。同时做正常乳对比观察。

判别：呈微黄色疑为掺10%以上豆浆。

2. 碘反应法

吸取乳样10mL于试管中，加2%碘液0.5mL，混匀后观察颜色，同时做正常乳对比观察。

判别：呈浅绿色为掺豆浆，最低可检出5%豆浆。正常乳为橙黄色。

（六）乳中掺碱液

为了掩盖牛乳酸败现象，降低牛乳酸度，防止因酸败而发生的凝结现象，向牛乳中加碱也可能发生。加碱后，牛乳滋味破坏，也可能对人体健康造成损害。

1. 溴麝香草酚蓝指示剂法

吸取牛乳 5mL 于试管中，将试管倾斜，沿管壁小心滴入 5 滴 0.04%溴麝香草酚蓝乙醇溶液，将试管轻轻转动 2~3 转，使其更好地相互接触，但切勿使其互相混合。然后将试管垂直放置，2min 后根据两溶液界面环层的颜色特征，参考表 8-1 判定牛乳中含碱量，同时做正常乳对比观察。

表 8-1 牛乳中掺碱量判别

界面环层颜色特征	牛乳中含 Na_2CO_3 浓度/%	界面环层颜色特征	牛乳中含 Na_2CO_3 浓度/%
黄色	0	青绿色	0.50
黄绿色	0.03	浅蓝色	0.70
浅绿色	0.05	蓝色	1.00
绿色	0.10	深蓝色	1.50
深绿色	0.30		

2. 灰分碱度滴定法

取牛乳 20mL 于瓷坩埚中，先于沸水浴上蒸发至干，置电炉上炭化，然后移入高温电炉（550℃）内灰化完全并冷却。加热水 30mL 溶解，溶液转移至锥形瓶中，加 0.1%甲基橙指示剂 3 滴，用 0.1000mol/L HCl 滴定至橙黄色，记录消耗体积（同时做正常乳对比试验）。按下式计算乳中含碱量：

$$X=\frac{V_1\times c\times 0.053}{V\times 1.03}\times 100$$

式中 X——每 100g 乳中含碱量，以 Na_2CO_3 质量分数计，g；

c——盐酸标准溶液浓度，mol/L；

V_1——滴定时消耗盐酸标准溶液的体积，mL；

V——样品乳的体积，mL；

0.053——1mmol/L 盐酸相当于 Na_2CO_3 质量，g；

1.03——牛乳的平均相对密度。

判别：正常牛乳灰分碱度（以 Na_2CO_3 计）为 0.01%~0.02%，超过此值为掺入碱。

（七）乳中掺石灰水、食盐

牛乳中掺入石灰水、食盐等物质，其目的都在于增加牛乳中非脂固体的含量和质量。可根据呈色反应判别。

1. 硫酸钙沉淀法

取乳样 5mL 于蒸发皿中，加 1%Na_2SO_4溶液、1%玫瑰红酸钠和 1%氯化钡溶液各 1 滴，混匀。观察颜色变化，同时做正常乳对比试验。

判别：如呈白土样沉淀疑为掺石灰水，可检出 100mg/kg。正常乳为红色混浊。

2. 铬酸银试纸法

试纸制备：将滤纸条（5cm×1cm）浸入 1%$AgNO_3$溶液中，取出于烘箱 40℃烘干，再浸入 5%K_2CrO_4液中，取出于烘箱 40℃烘干，备用。取乳样于白瓷皿中，浸入试纸，观察颜色变化。同时做正常乳试验。

判别：如 15s 内试纸由砖红色变为黄色则疑为掺入食盐，乳中氯离子含量>0.14%；

正常乳中氯离子含量为0.09%～0.12%。

（八）牛乳中掺蔗糖

正常牛乳中不含蔗糖。牛乳掺水后相对密度降低，掺入蔗糖可以提高非脂固形物含量。可用间苯二酚法及蒽酮法判别。

1. 间苯二酚显色法

取乳样10mL于试管中，加浓盐酸2mL混匀，加间苯二酚0.1g，混匀后置水浴80℃加热3min，观察颜色变化。同时做正常乳试验。

判别：呈红色为掺蔗糖，可检出0.2%含量。

2. 蒽酮显色法

取乳样10mL于试管中，加蒽酮试剂2mL，混匀后5min内观察颜色变化。同时做正常乳试验。

蒽酮试剂：取0.1g蒽酮溶于体积分数75% H_2SO_4溶液100mL中，临用前配。

判别：呈绿色为掺蔗糖。

（九）奶制品中掺水解动物蛋白粉

奶制品中为了掺水而不使蛋白质含量降低，并提高干物质含量，会向生鲜乳中加水解动物蛋白粉。

利用硝酸汞可沉淀乳酪蛋白，但不能沉淀水解动物蛋白，且水解动物蛋白能与沉淀蛋白能力更强的饱和苦味酸产生沉淀加以区分。检测分如下两步。

第一步：在奶中加入硝酸汞试剂，使乳中蛋白质变性凝聚，通过过滤操作除去沉淀。水解蛋白为低聚肽类，不能与硝酸汞试剂发生沉淀反应，实现乳中固有蛋白质与人为添加蛋白质成分的分离。

第二步，加入沉淀蛋白质能力更强的苦味酸试剂，它与低聚肽中碱性基团（氨基）形成难溶性沉淀。当水解蛋白粉在奶样中含量>1%时，会较快出现浅黄色沉淀析出现象。

硝酸汞试剂：硝酸汞14g，加入100mL蒸馏水，加浓硝酸2.5mL，加热助溶，待试剂全部溶解后加蒸馏水至500mL。

饱和苦味酸试剂：称取苦味酸3g，加蒸馏水200mL。

操作方法：取5mL乳样，加硝酸汞试剂5mL混合均匀，过滤，沿盛有滤液的试管壁慢慢加入饱和苦味酸溶液约0.6mL形成环状接触面。

结果判定：接触环清亮，不含水解动物蛋白，则为合格乳；接触环白色，含水解动物蛋白，则为异常乳。

本方法的最低检出限量为0.05%。但使用长时间（>10h）冷冻后的奶样测试，白色环状现象不太明显。

实验8-3　蜂蜜掺假检测

蜂蜜及其产品掺假是较为严重的食品掺假之一。蜂蜜中常见的掺假物有饴糖、蔗糖、转化糖、糊精、食盐等。

一、实验目的

掌握检测蜂蜜中常见掺假成分的原理与方法。

二、实验内容

(一) 蜂蜜中掺蔗糖的检测

人为地将蔗糖熬成浆状掺入蜂蜜中很常见。此类蜂蜜的特点是产品色泽鲜艳明亮，多为浅黄色，味淡，回味短，有一种糖浆味。有2种检测方法。

1. 蒽酮比色法

1）样品测定：取蜂蜜1g于烧杯中，加水50mL混匀。吸取此稀释蜂蜜样5mL于100mL容量瓶中，加水3mL，再加4mL浓度为2mol/L的KOH溶液，混匀后，于沸水中加热5min，冷却后用水定容至刻度。取此稀释液1mL于试管中，加水1mL、蒽酮试剂6mL，混匀，置沸水浴中3.5min后，迅速冷却。用1cm比色皿于波长635nm下测定吸光度。用正常蜂蜜做对照试验（调零）。

蒽酮试剂配制：称取蒽酮0.4g溶于H_2SO_4溶液中（87＋16，体积比）。检测中，蒽酮试剂必须现配现用。

2）标准曲线制作：分别取蔗糖标准使用液（100mg/mL）0.0、0.2mL、0.4mL、0.6mL、0.8mL、1.0mL于试管中，各加水补足至2mL，如上法加蒽酮试剂显色后，测定吸光度，绘制标准曲线。

3）结果计算

$$\text{蜂蜜中蔗糖含量}(\%)=\frac{m_1 \times V_1 \times V_3}{V_2 \times V_4 \times m \times 1000 \times 1000} \times 100$$

式中 m_1——标准曲线计算出的样品中蔗糖含量，μg；

V_1——第一次稀释体积（50mL）；

V_2——吸取稀释蜂蜜样体积（5mL）；

V_3——第二次稀释定容体积（100mL）；

V_4——显色时吸取的检液体积（1mL）；

m——称取的蜂蜜样品质量，g。

4）判别：正常蜂蜜中蔗糖含量约为5%以下，个别品种可能达8%，通过对比可判别蜂蜜中是否掺有蔗糖。本法灵敏度高，可检测样品中掺0.5%蔗糖的含量。

2. 硝酸银快速试验法

取蜂蜜样2份（各1g）分别置于2支试管中，各加水4mL，混匀。其中A管加2% $AgNO_3$溶液2滴，B管加1% $AgNO_3$溶液2滴，观察有无白色絮状物产生。

判别：A管如有白色絮状物产生，蔗糖含量疑为1%以上；B管如有白色絮状物产生，蔗糖含量疑为4%以上。

(二) 蜂蜜中掺入转化糖的检测

蔗糖在稀酸作用下可转化为含葡萄糖和果糖的糖浆，俗称转化糖浆。掺有转化糖浆的蜂蜜稀薄、黏度小、波美度大，可通过检测氯离子的存在予以判别。

方法：取1g蜂蜜于试管中，加5mL水，混匀，加1～2滴5% $AgNO_3$指示剂，如呈白浊状，疑掺有转化糖（与正常蜂蜜对照）。

（三）蜂蜜中掺饴糖的检测

取蜂蜜 2mL 于试管中，加水 5mL，混匀，缓缓滴加 95%乙醇数滴，观察有无白色絮状物产生。

判别：若出现白色絮状物疑为掺饴糖，若呈混浊状则说明正常（与正常蜂蜜对比）。

（四）蜂蜜中掺淀粉类物质的检测

蜂蜜中如掺有米汤、糊精及淀粉类物质，外观混浊不透明，蜂蜜味淡薄，用水稀释后溶液混浊不清。

方法：取蜂蜜 2g 于试管中，加水 10mL，加热至沸腾后冷却，加 0.1mol/L 碘液 2 滴，观察颜色变化，同时做正常蜂蜜对比试验。

判别：如有蓝色、蓝紫色或红色出现，疑为掺有淀粉或糊精类物质。

（五）蜂蜜中掺羧甲基纤维素钠的检测

羧甲基纤维素钠（CMC-Na）是一种增稠剂，掺入蜂蜜后，蜂蜜颜色变深，黏稠度增大。

检测方法：取蜂蜜 10g 于烧杯中，加入 95%乙醇 20mL。充分搅拌均匀，即有白色絮状物析出。取白色絮状物 2g 于另一烧杯中，加热水 100mL，搅拌均匀，冷却后备用。

取上述备检液 30mL 于锥形瓶中，加盐酸 3mL，观察有无白色沉淀产生。

另取上述备检液 50mL 于另一锥形瓶中，加 1% $CuSO_4$ 溶液 100mL，观察有无淡蓝色绒毛状沉淀产生。

判别：若上述 2 项实验均呈阳性，则备检蜂蜜疑掺有羧甲基纤维素钠。

（六）有毒蜂蜜的鉴别

有毒蜂蜜是指在蜜源植物较少的情况下，蜂蜜因采集有毒植物的花蜜或分泌物而酿成的蜜。据调查，有毒蜜源主要是卫矛科雷公藤属植物，含有剧毒的雷公藤碱，食用后可引起中毒。

由有毒蜂蜜引起的食物中毒，潜伏期一般 1～3 d，最短 1～5h，最长可达 5 d。初期症状有恶心、呕吐、腹痛、腹泻等消化道症状，伴随有低热、乏力、头晕、四肢麻木等现象。轻者仅口苦、口干、唇舌发麻、食欲不振。重者除腹泻、有便血、发热外，还出现肝损害症状；或有尿频、血尿、蛋白尿等肾损害症状。心脏受损时则出现心率减缓、心律不齐等症状，严重者可能由于呼吸中枢和循环中枢衰竭而死亡。

有毒蜂蜜的色泽常呈棕色或褐色，或具有苦涩味。检测方法如下。

方法 1：取待测蜂蜜加氨水使呈碱性，加氯仿振摇、过滤，然后在滤液中加入 1%盐酸使其酸化，振摇，分出水层，加氨水使呈碱性，再加氯仿振摇提取，分出氯仿，挥发至干得残渣。

取少许残渣加入硫酸 3 滴、对二甲氨基苯甲醛结晶数粒，在水浴中加热 5min，冷却后加入乙醇 0.5mL，如呈现紫色，则说明所检测蜂蜜中含有雷公藤碱。

方法 2：取可疑蜂蜜置于烧杯中，加入氯仿浸渍并用玻璃棒搅拌，流经无水硫酸钠过滤。吸取滤液 1mL 于试管中，加 5%三氯化锑氯仿溶液 5 滴，如呈现红色说明含有雷公藤碱。

实验 8-4　饼干中喷涂矿物油的检测

一、实验目的

掌握检测食品中掺矿物油的原理与方法。

二、实验原理

饼干中植物油是高级脂肪酸的甘油酯，可以被氢氧化钾皂化，生成甘油和钾肥皂，两者均溶于水，溶液透明；而矿物油不被皂化，也不溶于水，所以溶液混浊，析出油珠。

三、实验器材

1. 试剂

乙醚、无水乙醇、氢氧化钾。

2. 器材用具

水浴锅、电炉、研钵、冷凝管、瓷蒸发皿、锥形瓶、漏斗、量筒、移液管。

四、操作步骤

1. 取饼干 30g，研碎，置于锥形瓶中，加无水乙醚 50mL，振荡 20min，用定性滤纸过滤于瓷蒸发皿中，在通风橱内用水浴锅挥去无水乙醚后备用。

2. 取 1mL 油样，加 1mL 氢氧化钾溶液（600g/L）及 20mL 乙醇，接冷凝回流装置皂化 5min，皂化后加 25mL 沸水，摇匀。如混浊或有油状物析出，表示有不能皂化的矿物油存在。

五、实验注意事项

1. 喷涂矿物油主要原料液体石蜡为石油提炼副产物，有润滑作用及不被肠道吸收特点，如长期摄入，可引起消化系统障碍和脂溶性维生素吸收障碍。

2. 本法适用于芥末油、色拉油、食用油、大米、饼干及瓜子等食品。

3. 本法不足之处在于，食用油脂中存在着除矿物油之外的不皂化物，也能造成混浊。

4. 无水乙醇放置时间长时，由于挥发或部分氧化为乙醛，导致乙醇浓度降低，会造成假阳性；若乙醇敞口时间长或瓶内剩下很少时，也会出现假阳性。

5. 在样品处理时，如含油量少，可适当增加样品量。

六、实验思考题

矿物油对人体有何危害？

第九章 探索性综合实验

实验 9-1 热烫处理对过氧化物酶活力以及对色泽、维生素 C 保存的影响

热烫是果蔬加工中的一种常用处理技术，目的是杀灭果蔬中的各种酶，防止果蔬在加工中质量进一步劣变。在果蔬的各种酶中，过氧化物酶是最耐热的，通常以过氧化物酶失活作为热烫达到要求的判定指标，但热烫也会造成水溶性维生素等营养成分的损失。

一、实验目的

检验热烫处理对果蔬过氧化物酶活力、色泽及维生素 C 保存率的影响，并掌握色素、维生素 C 及过氧化物酶活性的测定方法。

二、实验原理

热烫就是将果蔬原料置于热水或蒸汽中进行短时间的热处理。通过热烫，酶蛋白质受热变性，活性丧失，阻止了酶对果蔬中有效成分的破坏。热烫还可以改变果蔬原料的色泽：通过排除组织内所含的空气，使组织变得透明，颜色更加鲜艳；通过加速色素转化或氧化等，破坏其原有颜色。同时，热烫处理也会使一部分可溶性营养物质损失严重，如维生素 C 等。

在不同温度下使酶失活所需的时间是不一样的，酶的失活速率常数随温度升高而增大，色素的转化或氧化，其速率常数也随温度升高而增大，水溶性营养成分从果蔬原料溶解到水或蒸汽中的速度也受温度的影响。在实际生产中，人们优化热烫的工艺参数，主要是热烫时间与温度，根本原则是在酶灭活的前提下，不利影响尽量小。在该温度下，酶失活速率大于不利变化速率，且相差最大。

三、实验器材

1. 试剂

交联聚乙烯吡咯烷酮（PVPP），0.2mol/L pH6.5 的磷酸缓冲液，1%愈创木酚，1.5%过氧化氢，2%草酸，0.1%2,6-二氯酚靛酚，1mg/mL 标准抗坏血酸溶液。

2. 器材用具

恒温水浴锅，微量滴定管，研钵，pH 计，紫外可见分光光度计，色差计，打浆机，

高速冷冻离心机。

3. 实验材料

新鲜水果或蔬菜。

四、操作步骤

1. 热烫温度对过氧化物酶活力、色泽及维生素C保存的影响

将质量一致的新鲜水果或蔬菜分别在预先已调好温度的80℃、85℃、90℃、95℃、100℃水浴中加热2min，取出立即用流水冷却至室温，沥干后，一部分用于色泽、维生素C含量测定，另外称取一部分打浆，用于过氧化物酶活性测定，与未经热烫处理的样品对比。

2. 热烫时间对过氧化物酶活力、色泽及维生素C保存的影响

将质量一致的新鲜水果或蔬菜在预先已调好温度的90℃水浴中加热1min、2min、3min、4min、5min后，立即取出，流水冷却至室温，沥干后，一部分用于色泽、维生素C含量测定，另外称取一部分打浆，用于过氧化物酶活性测定，与未热烫样品对比。

3. 过氧化物酶活性的测定

1）粗酶液提取：在20g样品匀浆中，加入20mL提取液（0.2mol/L pH6.5的磷酸缓冲液）、0.8g PVPP，于4℃下放置1h，12000r/min、4℃下离心15min，收集上清液，用于酶活的测定。

2）酶活测定：过氧化物酶（POD）活性的测定采用分光光度法，反应底物为1%的愈创木酚溶液、1.5%的过氧化氢溶液，加入0.2mL过氧化氢，加入0.8mL提取的粗酶液，立即在470nm处测定吸光值，绘制随时间变化的曲线，曲线直线部分的斜率即为酶活。实验结果以残存酶活计，通过以下公式计算：

残存酶活(%)＝热烫处理后POD活性/热烫处理前POD活性×100%

4. 色泽的测定

采用色差计测定样品的L、a、b值，每个处理均随机选择测定20个样品。色差用ΔE表示，表示所测样品与未热烫处理样品之间的色差值，公式为：

$$\Delta E=\sqrt{(L-L^*)^2+(a-a^*)^2+(b-b^*)^2}$$

5. 维生素C的测定

1）样液制备：称取样品5g，加少量2%草酸用研钵磨成浆，将浆状物倒入50mL容量瓶中，用2%草酸溶液稀释并定容，混匀，静置10min，过滤（最初几毫升滤液弃去），滤液备用。

2）标准液滴定：准确吸取标准抗坏血酸（维生素C）溶液1mL置100mL锥形瓶中，加9mL 1%草酸，用微量滴定管以0.1% 2,6-二氯酚靛酚溶液滴定至淡红色，并保持15s不褪色，即达终点。由所用染料的体积计算出T值（平均值），即1mL染料相当于多少毫克的维生素C。取10mL 1%草酸做空白对照，按以上方法滴定。

3）样液滴定：准确吸取1）制备的样品滤液3份，每份10mL，分别放入3个100mL锥形瓶内，按2）的方法滴定。另取10mL 1%草酸做空白对照滴定，记下所消耗的体积。

4）维生素C的计算：

$$维生素C含量(mg/100g样品)=\frac{(V_1-V_0)}{DW}CT\times100$$

式中 V_1——滴定样品所耗用的染料的平均体积，mL；

V_0——滴定空白对照所耗用的染料的平均体积，mL；

C——样品提取液的总体积，mL；

D——滴定时所取的样品提取液体积，mL；

T——1mL染料能氧化抗坏血酸的质量（由标准滴定步骤计算出），mg；

W——待测样品的质量，g。

五、结果处理

将上述测定的实验结果，记录于表9-1、表9-2中，并作图观察、分析。

表9-1 不同热烫温度对过氧化物酶、色泽与维生素C的影响

温度/℃	过氧化物酶残存酶活/%	色泽			维生素C/(mg/100g)
		L	a	b	
对照					
80					
85					
90					
95					
100					

表9-2 不同热烫时间对过氧化物酶、色泽与维生素C的影响

时间/min	过氧化物酶残存酶活/%	色泽			维生素C/(mg/100g)
		L	a	b	
对照					
1					
2					
3					
4					
5					

六、实验注意事项

1. 本实验为探索性综合实验，实验设计中影响因素、参数及测定方法与条件等，均可根据所查阅相关文献进行调整，以增加实验的准确性与验证性。

2. 可以根据实验的需要、方法的检出限、实验过程的现象以及实验中的观察等，对操作方法做改进。

七、实验思考题

1. 热烫处理对食品的哪些品质还会产生影响？

2. 哪些因素还会影响食品的热烫效果？

实验 9-2 曲奇饼干配方对其质构和口感的影响

一、实验目的

考察曲奇饼干配方的变化对其质构和口感的影响，并掌握质构与口感等饼干品质的测定与评价方法。

二、实验原理

曲奇饼干是以小麦粉、糖、糖浆、油脂、乳制品为主要原料，加入膨松剂及其他辅料，经冷粉工艺调粉，采用挤注或挤条、钢丝切割或辊印方法中的一种形式成型，烘烤制成的具有立体花纹或表面有规则波纹的饼干。

曲奇饼干原辅料配方中任何一种成分或膨松剂等比例的变化，都会对曲奇饼干最终的质构与口感等品质产生影响。本实验通过改变糖、起酥油及膨松剂等的含量，探讨曲奇饼干配方变化对其质构与口感的影响。

三、实验器材

1. 材料、试剂

低筋小麦粉、起酥油、白砂糖、膨松剂（泡打粉等）、全脂奶粉、蛋清等。

2. 仪器用具

搅打器、裱花袋、饼干成型模具、烘烤托盘、油纸、远红外线烤箱、电子天平、质构仪等。

四、操作步骤

1. 糖含量对曲奇饼干质构与口感的影响

固定其他原料、辅料及添加剂的基本配方：低筋小麦粉 100g、起酥油 60g、膨松剂 0.5g、全脂奶粉 10g、蛋清 10g 不变的情况下，在体系中分别加入 10g、20g、30g、40g、50g 的糖粉，按照曲奇饼干制作工艺制成饼干后，测定曲奇饼干的质构与口感。观察曲奇饼干质构与口感的变化，从而了解糖含量对曲奇饼干质构与口感的影响。

2. 起酥油含量对曲奇饼干质构与口感的影响

固定其他原料、辅料及添加剂的基本配方：低筋小麦粉 100g、糖粉 30g、膨松剂 0.5g、全脂奶粉 10g、蛋清 10g 不变的情况下，在体系中分别加入 40g、50g、60g、70g、80g 的起酥油，按照曲奇饼干制作工艺制成饼干后，测定曲奇饼干的质构与口感。观察曲奇饼干质构与口感的变化，从而了解起酥油含量对曲奇饼干质构与口感的影响。

3. 膨松剂含量对曲奇饼干质构与口感的影响

固定其他原料、辅料及添加剂的基本配方：低筋小麦粉 100g、起酥油 60g、糖粉 30g、全脂奶粉 10g、蛋清 10g 不变的情况下，在体系中分别加入 0.3g、0.4g、0.5g、

0.6g、0.7g的膨松剂，按照曲奇饼干制作工艺制成饼干后，测定曲奇饼干的质构与口感。观察曲奇饼干质构与口感的变化，从而了解膨松剂含量对曲奇饼干质构与口感的影响。

4. 质构的测定

1）TPA质地参数（硬度、弹性、黏聚性、咀嚼性及回复性）的测定　TPA实验测定的基本参数设置：探头为P50；测试模式为压缩力测试；测前速率为2.0mm/s；测试速率为1.0mm/s；测后速率为10.0mm/s；压缩率为50%；触发力为5g。测定的TPA值可直接从仪器上读取。各试样之间存在差异，每种样品测定15次，取平均值作为分析比较的结果。

2）断裂强度的测定　采用三点弯曲实验，测试中将饼干放置在间距为40nm的两水平支座上，通过HDP/3PB探头下压直至样品破裂成两半。三点弯曲实验的基本参数设置：探头为HDP/3PB；测试模式为压缩力测试；测前速率为2.5mm/s；测试速率为1.0mm/s；测后速率为10.0mm/s；测试跨度为40mm；下压距离为10mm；触发力为5g。测定的断裂强度值可直接从仪器上读取。一种样品测试15次，取平均值用于分析比较。

5. 口感评定

口感评定以国家标准GB/T 20980—2007《饼干》和GB/T 16860—1997《感官分析方法　质地剖面检验》为依据，主要采用感官评定的手段，由受训过的品评人员对饼干的口感进行评定，其感官评定分值分布见表9-3。

表9-3　曲奇饼干感官评定分值表

项目	评分标准	分值
口感	酥松、细腻、不粘牙	90～100
	酥松、较细腻、略粘牙	75～90
	较酥松、粗糙、粘牙	60～75
	僵硬、干涩、粗糙、粘牙	<60

五、结果分析

将上述测定的实验结果，记录于表9-4、表9-5、表9-6中。

表9-4　不同糖含量对曲奇饼干质构与口感的影响

糖量	质构						口感综合评价
	硬度	弹性	黏聚性	咀嚼性	回复性	断裂强度	
对照							
10g							
20g							
30g							
40g							
50g							

表 9-5　不同起酥油含量对曲奇饼干质构与口感的影响

起酥油量	质构						口感综合评价
	硬度	弹性	黏聚性	咀嚼性	回复性	断裂强度	
对照							
40g							
50g							
60g							
70g							
80g							

表 9-6　不同膨松剂含量对曲奇饼干质构与口感的影响

膨松剂量	质构						口感综合评价
	硬度	弹性	黏聚性	咀嚼性	回复性	断裂强度	
对照							
0.3g							
0.4g							
0.5g							
0.6g							
0.7g							

六、实验注意事项

1. 根据实验过程中观察到的现象及体会，可以改进曲奇饼干质构与口感的测定与评定方法。

2. 本实验为探索性综合实验，实验设计中影响因素、参数及测定方法与条件等，均可根据所查阅的文献资料加以调整。

七、实验思考题

除了糖、起酥油及膨松剂含量，还有哪些因素会对曲奇饼干的质构与口感有影响？

实验 9-3
添加剂及加工工艺对肉制品肌肉蛋白质保水能力和嫩度的影响

一、实验目的

肉的保水能力（水合能力）是影响肉制品品质的重要因素。肉制品的保水能力取决于许多因素，如 pH 值、加热、冷冻、食品添加剂等。本实验观察添加剂、工艺条件对肉制品肌肉蛋白质保水能力及嫩度的影响，并掌握用正交实验优化工艺参数（配方）的方法。

二、实验原理

动物的肌肉组织中含有约75%的水分，其中70%存在于胶原纤维中，20%存在于肌浆中，10%存在于结缔组织中。在加工熟制过程中，由于肌肉蛋白质特别是胶原蛋白的变性而收缩脱水，致使产品含水量降低。产品的水分含量与肉制品的持水能力直接相关，而肌肉的持水能力与肌肉蛋白质的种类和状态密切相关。对肌肉的持水能力起决定作用的是肌原纤维蛋白中的肌球蛋白。要使肌球蛋白在保持原有状态的情况下尽可能膨胀，才能更多地维系和保持水分。

在肉制品加工中，由于肌肉蛋白质的变性，致使产品含水量降低。如果采取措施使肉在加工过程中降低水分损失，提高产品的含水量，得到的肉食品在嫩度、风味、口感以及出品率等方面都会有所提高。

三、实验器材

猪肉，牛肉，各种调味料，淀粉，三聚磷酸钠，海藻酸钠，氯化钙，焦磷酸钠，偏磷酸钠，碳酸钠，碳酸氢钠，食盐。

电炉，恒温水浴箱，烧杯，容量瓶，天平，温度计，刀具。

四、操作步骤

1. 原料和配方

选择肘子或五花肉切成长15cm、宽10cm、厚度不超过8cm的肉块，要求达到大小均匀。然后将肉块放入容器内，冲洗干净并泡去血腥味，备用。

配方（以5 kg猪肉计算）：花椒10g；大葱50g；大料10g；鲜姜25g；桂皮15g；盐250～300g；小茴香5g；白砂糖10g。

2. 工艺条件的确定

肉制品加工中，煮制温度对产品的嫩度和持水力有很大影响，不同温度下肉制品的嫩度不同。60℃、70℃、80℃、85℃的温度分别煮制猪肉原料10min，考察各温度下得到成品的嫩度，并作出肉的温度-嫩度曲线。

3. 保水添加剂的选择

1）不同添加剂对肉制品质量的影响：淀粉、海藻酸钠和碳酸钙的混合物、碳酸盐、磷酸盐（焦磷酸钠、偏磷酸钠、三聚磷酸钠）分别配制成2g/L的水溶液。取原料猪肉称重，分别浸泡在以上溶液中，同时做一份空白对照实验。6h后取出猪肉，再次称重，以产品得率计算其保水能力。所得数据列于表9-7中。

表9-7 不同添加剂对肉制品质量的影响

添加剂	提高得率/%	口感	风味	添加剂	提高得率/%	口感	风味
淀粉				磷酸盐			
海藻酸钠+碳酸钙				空白对照	0		
碳酸盐							

2）不同浓度磷酸盐对肉制品质量的影响：配制不同浓度磷酸盐溶液，猪肉原料切块称重，在各溶液中浸泡 6h，计算产品得率，然后在 85℃煮制 30min。所得结果列于表 9-8 中。

表 9-8 不同浓度磷酸盐对肉制品质量的影响

浓度/(g/L)	焦磷酸钠提高得率/%	偏磷酸钠提高得率/%	三聚磷酸钠提高得率/%
4			
3			
2			
1			

3）不同浓度的碳酸钠对肉制品的保水效果：配制 1g/L、2g/L、4g/L、6g/L 的碳酸钠溶液，按上述方法煮制，测定产品得率，并与空白样品对照，评定其口感与质地。所得结果列于表 9-9 中。

表 9-9 不同浓度的碳酸钠对肉制品的保水效果

浓度/(g/L)	提高得率/%	质地	口感	味道	浓度/(g/L)	提高得率/%	质地	口感	味道
空白					2				
6					1				
4									

4）不同浓度的碳酸氢钠对肉制品的保水效果：配制 1g/L、2g/L、4g/L、6g/L 的碳酸氢钠溶液，按上述方法煮制，测定产品得率，并与空白样品对照，评定其口感与质地。所得结果列于表 9-10 中。

表 9-10 不同浓度的碳酸氢钠对肉制品的保水效果

浓度/(g/L)	提高得率/%	质地	口感	味道	浓度/(g/L)	提高得率/%	质地	口感	味道
空白					2				
6					1				
4									

5）正交实验确定混合添加剂的最佳配比：在前面实验的基础上进行正交实验，以得到最佳添加量。正交实验因素水平表见表 9-11、表 9-12。

表 9-11 正交实验因素水平表 单位：%

水平	A(混合磷酸盐)	B(碳酸钠)	C(碳酸氢钠)
1	0.5	0.05	0.3
2	0.1	0.1	0.4
3	0.2	0.2	0.5

表 9-12 正交实验表

试验号	A	B	C	得率/%	试验号	A	B	C	得率/%
1	1	1	3		6	3	2	1	
2	2	1	1		7	1	3	1	
3	3	1	2		8	2	3	2	
4	1	2	2		9	3	3	3	
5	2	2	3						

五、实验注意事项

1. 实验过程中使用的添加剂应先配制成一定浓度的溶液再使用。

2. 煮制过程中，要将煮制温度控制在 85℃。

六、实验思考题

1. 磷酸盐对肌肉组织的保水嫩化作用的机理是什么？

2. 为什么肉制品煮制要控制温度在 85℃左右？

实验 9-4 外界因素对酶活力的影响——用正交实验确定几种因素对酶活力的影响

一、实验目的

掌握正交实验设计与处理的原理及方法，深刻理解影响酶活性的因素。

二、实验原理

酶反应受到多种因素的影响。底物浓度、酶浓度、温度、pH 值、激活剂和抑制剂等都能影响酶促反应速率。这类多因素的实验可通过正交实验确定各因素对酶活性影响的主次关系，维持酶活性的最佳条件。

本实验运用正交实验确定底物浓度、酶浓度、温度、pH 这 4 个因素对酶活力的影响，并得出使酶活性最高的底物浓度、酶浓度、温度、pH 值。

三、实验器材

1. 试剂

1）2%血红蛋白：于 20mL 蒸馏水中加入血红蛋白 2.2g、尿素 36g、1mol/L NaOH 溶液 8mL，室温下放置 1h，使蛋白质变性。如有不溶物，可过滤除去。再加 0.2mol/L NaH_2PO_4 溶液至 110mL、尿素 4g，调节溶液 pH 值至 7.6 左右。

2）15%三氯乙酸溶液：15g 三氯乙酸溶于蒸馏水，并稀释至 100mL。

3）牛胰蛋白水解酶液：取 3mg 牛胰蛋白水解酶冷冻干粉溶于 10mL 蒸馏水中。

4）0.1mol/L pH7、pH8、pH9 巴比妥缓冲液。

5）Folin-酚试剂

试剂甲：A——10g Na_2CO_3、2g NaOH、0.25g 酒石酸钾钠（$KNaC_4H_4O_6 \cdot 4H_2O$），溶解于 500mL 蒸馏水中。B——0.5g 硫酸铜（$CuSO_4 \cdot 5H_2O$）溶解于 100mL 蒸馏水中。每次使用前，将 50 份 A 和 1 份 B 混合，即为试剂甲。

试剂乙：在 2L 磨口回流瓶中，加入 100g 钨酸钠（$Na_2WO_4 \cdot 2H_2O$）、0.25g 钼酸钠（$Na_2MoO_4 \cdot 2H_2O$）及 700mL 蒸馏水，再加 50mL 85%磷酸、100mL 浓盐酸，充分混

合，接上回流管，以小火回流 10h。回流结束时，加入 150g 硫酸锂（Li_2SO_4）、50mL 蒸馏水及数滴液体溴，开口继续沸腾 15min，以便驱除过量的溴。冷却后溶液呈黄色（如仍呈绿色，须再重复滴加液体溴的步骤）。稀释至 1L，过滤，滤液置于棕色试剂瓶中保存。使用时用标准 NaOH 滴定，酚酞作指示剂，然后适当稀释，约加水 1 倍，使最终的酸（相当于 HCl）浓度为 1mol/L 左右。

2. 器材用具

恒温水浴锅、试管、漏斗、吸管、分光光度计等。

3. 试材

血红蛋白。

四、操作步骤

1. 实验设计

本实验只考虑 4 个因素，即底物浓度、酶浓度、温度和 pH 值。每因素选用 3 个水平。因素水平可参考表 9-13、表 9-14 设计。

表 9-13　4 因素 3 水平正交实验设计表

水平	1(底物)/mL	2(酶)/mL	3(温度)/℃	4(pH 值)
1	0.2	0.3	37	7
2	0.5	0.5	50	8
3	0.8	0.8	60	9

表 9-14　$L_9 3^4$ 正交实验表

试验号	1	2	3	4
1	1	1	1	1
2	1	2	2	2
3	1	3	3	3
4	2	1	2	3
5	2	2	3	1
6	2	3	1	2
7	3	1	3	2
8	3	2	1	3
9	3	3	2	1

2. 实验安排

将本实验的 4 个因素依次放在正交实验表的第 1、2、3、4 列，再将各列的水平数用该列因素相应的水平写出来，就得到实验安排表。

各管均加入 15%三氯乙酸溶液 2mL 终止反应。

另取一支试管作非酶对照，即加 2%的血红蛋白液 0.5mL、缓冲液 2.0mL，先加 15%三氯乙酸 2mL，摇匀放置 10min 后再加入酶液 0.5mL。

将上述各管反应液室温放置15min，过滤，滤液留待Folin-酚法测定酶活力。

Folin-酚法测定酶活力：取滤液0.5mL，加入试剂甲4mL，室温放置10min，加入试剂乙0.5mL，30min后于680nm测定吸光度值。

3. 数据记录与分析

将所得数据填入正交实验表，按正交实验表的分析方法分析数据。得出各因素对酶活的影响大小顺序，酶活最大的各因素最佳水平组合。将所得数据进行方差分析，判别各因素对酶活的影响是否显著。

五、实验思考题

1. 正交实验有哪些优点？
2. 配试剂时为何会使蛋白质变性？
3. 简述本实验的原理。

参考文献

[1] [美] Suzanne Nielsen S著．食品分析实验指导．杨严俊译．北京：中国轻工业出版社，2009.

[2] 张发凌．从零开始学 Excel 数据分析．北京：人民邮电出版社，2015.

[3] 李润明，吴晓明．图解 Origin 8.0 科技绘图及数据分析．北京：人民邮电出版社，2009.

[4] 王惠文，吴载斌，孟洁．偏最小二乘回归的线性与非线性方法．北京：国防工业出版社，2006.

[5] 马锐．人工神经网络原理．北京：机械工业出版社，2010.

[6] 陈国良，王煦法，庄镇．遗传算法及其应用．北京：人民邮电出版社，1996.

[7] 李德海．食品化学与分析技术．哈尔滨：东北林业大学出版社，2012.

[8] 黄晓钰，刘邻渭．食品化学综合实验．北京：中国农业大学出版社，2006.

[9] 庞杰，敬璞．食品化学实验．北京：中国林业出版社，2014.

[10] 谢明勇，胡晓波．食品化学实验与习题．北京：化学工业出版社，2012.

[11] 汪东风．食品科学实验技术．北京：中国轻工业出版社，2006.

[12] 王启军，戚穗坚，吴晓萍．食品分析实验．第二版．北京：化学工业出版社，2011.

[13] 陈福生，王小红．食品安全实验——检测技术与方法．北京：化学工业出版社，2010.

[14] 金文进．食品理化检验技术．哈尔滨：哈尔滨工程大学出版社，2013.

[15] 丁晓雯．食品分析实验．北京：中国林业出版社，2012.

[16] 王世平．食品安全检测技术．北京：中国农业大学出版社，2009.

[17] 林峰，奚星林，陈捷，等．食品安全分析检测技术．北京：化学工业出版社，2015.

[18] 敬思群，吴旭，白岚．食品科学实验技术．西安：西安交通大学出版社，2012.

[19] 张爱民，周天华．食品科学与工程专业实验实习指导用书．北京：北京师范大学出版社，2011.

[20] 李述刚．食品加工及检验技术实验指导．北京：北京邮电大学出版社，2012.

[21] 张水华．食品分析．北京：中国轻工业出版社，2007.

[22] 余以刚，肖性龙．食品质量与安全检验实验．北京：中国质检出版社，中国标准出版社，2014.